超级稻Ⅲ优98

超级稻中早22

超级稻旱地旱育秧

超级稻水田旱育秧

超级稻抛秧

超级稻机插秧

2

超级稻机插秧苗

单季超级稻高产栽培集成技术示范

连作晚稻超级稻高产栽培丰收在望

3

超级稻"三定"栽培技术

超级稻配套强
化栽培技术

东北超级稻栽培
技术示范

4

超级稻品种配套栽培技术

主 编

朱德峰　　石庆华　　张洪程

编 著 者

陈惠哲　迟忠志　鄂志国　郭振华　侯立刚
黄　庆　姜心禄　林青山　林贤青　潘晓华
石庆华　苏泽胜　王　磊　吴桂成　吴文革
张洪程　章秀福　张玉屏　赵国臣　郑家国
　　　朱德峰　曾永军　邹应斌　邹永春

金盾出版社

内 容 提 要

　　本书是由中国水稻研究所、广东省农科院、扬州大学农学院、安徽省农科院、江西农业大学、湖南农业大学、四川省农业科学院、吉林省农业科学院等单位的权威专家，根据各地生产实际，结合 2005～2007 年农业部认定的 61 个超级稻品种特性撰写的超级稻品种配套栽培技术。本书具有覆盖面广，技术与实践结合紧密，实用性强等特点。可供广大稻农、种植专业户和基层农技人员学习使用，亦可供农业院校相关专业师生阅读参考。

图书在版编目(CIP)数据

　　超级稻品种配套栽培技术/朱德峰,石庆华,张洪程主编;陈惠哲等编著 . —北京:金盾出版社,2008.7
　　ISBN 978-7-5082-4660-4

　　Ⅰ. 超⋯　　Ⅱ. ①朱⋯②石⋯③张⋯④陈⋯　　Ⅲ. 水稻-栽培
Ⅳ. S511

　　中国版本图书馆 CIP 数据核字(2008)第 091586 号

金盾出版社出版、总发行

北京太平路 5 号(地铁万寿路站往南)
邮政编码:100036　电话:68214039　83219215
传真:68276683　网址:www.jdcbs.cn
彩色印刷:北京精美彩色印刷有限公司
正文印刷:北京天宇星印刷厂
装订:北京天宇星印刷厂
各地新华书店经销
开本:850×1168 1/32　印张:6.125　彩页:4　字数:115 千字
2013 年 4 月第 1 版第 11 次印刷
印数:168 001～174 000 册　定价:15.00 元

序　言

　　水稻是我国第一大粮食作物,稻谷在粮食安全中具有特殊的地位。超级稻研究示范和推广应用对实现我国"十一五"粮食生产目标,确保国家粮食安全具有重要作用。根据我国超级稻发展规划,到 2010 年,将培育 20 个超级稻主导品种,超级稻推广面积占全国水稻种植面积的 30%(约 800 万公顷),将带动全国水稻单产水平明显提高。

　　超级稻是采用理想株型塑造与杂种优势利用相结合,兼顾品质与抗性的技术路线选育的高产水稻品种。2005 年以来,农业部已认定 61 个超级稻品种,各地在农业部认定推荐和省级超级稻推荐品种中,选择产量高、抗性好、米质优的为主导品种,并在生产中大面积推广应用,超级稻的主导地位越来越突出。根据统计显示,2007 年全国超级稻示范推广面积约为 533 万公顷,高产、优质超级稻新品种的示范推广为提高我国粮食综合生产能力,促进农民增收做出了巨大贡献。

　　我国超级稻研究虽取得重大突破,育成并在生产上推广应用了一批超级稻品种,但由于超级稻品种生长和产量形成的特性差异及我国稻区生态环境的多样性和水稻种植模式、方法的复杂性,造成了超级稻品种产量潜力与农民种植的实际产量存在较大差异。因此,超级稻示范推广需要良种良法相配套,品种技术相统一,才能将超级稻的增产潜力转化为大面积均衡增产的现实。为此，全国超级稻栽培技术研究协作组，经过几年的超级稻品种配套栽培技术试验研究和示范，结合超级稻品种推广应用的主要稻区特点，提出超级稻品种配套栽培技术，供各地在超级稻推广过程中参考应用。在超级稻品种栽培技术研究中，我们将陆续提出与我国社会经济发展相适应，与超级稻重点推广稻区相一致，与超级稻品种相配套的栽培技术，促进我国超级稻品种的推广应用。

本书介绍了 2005～2007 年农业部认定的 61 个超级稻的品种来源、特征特性、产量表现、栽培要点、适宜种植区域，以及超级稻品种配套栽培技术。配套栽培技术包括华南稻区、长江中下游稻区、西南稻区和东北稻区等四大稻区的 20 套超级稻品种配套栽培技术。超级稻品种介绍主要由张玉屏、陈惠哲和鄂志国等负责编写。华南稻区主要包括广东省早晚季超级稻品种配套栽培技术，由广东省农业科学院水稻研究所黄庆研究员等负责撰写。长江中下游稻区包括江苏、浙江、安徽、江西、湖南等省单季稻和连作稻超级稻品种配套栽培技术。其中，江苏省的由扬州大学农学院张洪程教授等负责撰写；浙江省的由中国水稻研究所朱德峰、章秀福和林贤青等负责撰写；安徽省的由安徽省农业科学院水稻所苏泽胜、吴文革研究员负责撰写；江西省的由江西农业大学石庆华和潘晓华教授等负责撰写；湖南省的由湖南农业大学邹应斌教授等负责撰写。西南稻区主要包括四川省单季超级稻品种配套栽培技术，由四川省农业科学院作物研究所郑家国研究员等负责撰写。东北稻区包括东北三省超级稻品种配套栽培技术,由吉林省农业科学院水稻研究所赵国臣研究员等负责撰写。

由于不同地区品种类型多样、生态环境各异、种植方式不同,这些技术可根据各地实际情况参考应用。本书所述内容如有不足之处,请读者提出建议,以便完善。

目　录

第一章　农业部认定的超级稻品种 ……………………………（1）

一、2005 年认定的 28 个超级稻品种 ……………………（1）

1. 天优 998 ………（1）
15. 沈农 606 ………（19）

2. 胜泰 1 号 ………（2）
16. 沈农 016 ………（21）

3. D 优 527 ………（3）
17. 吉粳 88 ………（22）

4. 协优 527 ………（5）
18. 吉粳 83 ………（23）

5. Ⅱ优 162 ………（6）
19. 协优 9308 ………（24）

6. Ⅱ优 7 号 ………（7）
20. 国稻 1 号 ………（26）

7. Ⅱ优 602 ………（9）
21. 国稻 3 号 ………（28）

8. 准两优 527 ………（10）
22. 中浙优 1 号 ………（29）

9. 丰优 299 ………（12）
23. Ⅱ优明 86 ………（30）

10. 金优 299 ………（13）
24. 特优航 1 号 ………（31）

11. Ⅱ优 084 ………（14）
25. Ⅱ优航 1 号 ………（33）

12. 辽优 5218 ………（15）
26. Ⅱ优 7954 ………（34）

13. 辽优 1052 ………（17）
27. 两优培九 ………（35）

14. 沈农 265 ………（18）
28. Ⅲ优 98 ………（37）

二、2006 年认定的 21 个超级稻品种 ……………………（38）

1. 天优 122 ………（38）
7. Y 优 1 号 ………（46）

2. 一丰 8 号 ………（40）
8. 株两优 819 ………（48）

3. 金优 527 ………（41）
9. 两优 287 ………（49）

4. D 优 202 ………（42）
10. 培杂泰丰 ………（50）

5. Q 优 6 号 ………（43）
11. 新两优 6 号 ………（51）

6. 黔南优 2058 ………（45）
12. 甬优 6 号 ………（53）

13. 中早 22 …… (54)　　18. 松粳 9 号 …… (61)

14. 桂农占 …… (56)　　19. 龙粳 5 号 …… (62)

15. 武粳 15 …… (58)　　20. 龙粳 14 号 …… (63)

16. 铁粳 7 号 …… (59)　　21. 垦粳 11 号 …… (64)

17. 吉粳 102 …… (60)

三、2007 年认定的 12 个超级稻品种 …… (65)

1. 宁粳 1 号 …… (65)　　8. 龙粳 18 …… (74)

2. 新两优 6380 …… (66)　　9. 淦鑫 688(昌优 11 号)

3. 淮稻 9 号 …… (68)　　…… (75)

4. 千重浪 1 号 …… (69)　　10. 丰两优 4 号 …… (77)

5. 辽星 1 号 …… (70)　　11. Ⅱ优航 2 号 …… (78)

6. 楚粳 27 …… (72)　　12. 玉香油占 …… (79)

7. 内 2 优 6 号 …… (73)

第二章　华南稻区超级稻栽培技术 …… (82)

一、早稻超级稻配套栽培技术(广东省) …… (82)

(一)适用范围与品种 …… (82)

(二)技术规程 …… (82)

(三)注意事项 …… (88)

二、晚稻超级稻配套栽培技术(广东省) …… (88)

(一)适用范围与品种 …… (88)

(二)技术规程 …… (88)

(三)注意事项 …… (94)

第三章　长江中下游稻区单季超级稻栽培技术 …… (95)

一、超级稻精确定量栽培技术(江苏省) …… (95)

(一)适用范围与品种 …… (95)

(二)技术规程 …… (95)

(三)注意事项 …… (101)

二、超级稻机插栽培技术(江苏省) …… (101)

　　(一)适用范围与品种 …………………………… (101)

　　(二)技术规程 ………………………………………… (102)

　　(三)注意事项 ………………………………………… (107)

　三、超级稻(粳稻)直播栽培技术(浙江省) …………… (108)

　　(一)适用范围与品种 …………………………… (108)

　　(二)技术规程 ………………………………………… (108)

　　(三)注意事项 ………………………………………… (111)

　四、单季籼型超级稻集成栽培技术(浙江省) ………… (111)

　　(一)适用范围与品种 …………………………… (111)

　　(二)技术规程 ………………………………………… (111)

　　(三)注意事项 ………………………………………… (114)

　五、籼型超级稻补偿超高产栽培技术(安徽省) ……… (115)

　　(一)适用范围与品种 …………………………… (115)

　　(二)技术规程 ………………………………………… (115)

　　(三)注意事项 ………………………………………… (120)

　六、超级稻无盘旱育抛栽栽培技术(安徽省) ………… (120)

　　(一)适用范围与品种 …………………………… (120)

　　(二)技术规程 ………………………………………… (121)

　　(三)注意事项 ………………………………………… (128)

　七、单季超级稻免耕直播栽培技术(湖南省) ………… (128)

　　(一)适用范围与品种 …………………………… (128)

　　(二)技术规程 ………………………………………… (128)

　　(三)注意事项 ………………………………………… (132)

第四章　长江中下游稻区双季超级稻栽培技术 ………… (133)

　一、旱稻超级稻栽培技术(浙江省) ………………… (133)

　　(一)适用范围与品种 …………………………… (133)

　　(二)技术规程 ………………………………………… (133)

　　(三)注意事项 ………………………………………… (136)

二、晚稻超级稻栽培技术(浙江省) ……………………… (136)
　(一)适用范围与品种 ………………………………… (136)
　(二)技术规程 ………………………………………… (137)
　(三)注意事项 ………………………………………… (139)
三、早稻超级稻配套栽培技术(江西省) ………………… (139)
　(一)适用范围与品种 ………………………………… (139)
　(二)技术规程 ………………………………………… (140)
　(三)注意事项 ………………………………………… (142)
四、晚稻超级稻配套栽培技术(江西省) ………………… (143)
　(一)适用范围与品种 ………………………………… (143)
　(二)技术规程 ………………………………………… (143)
　(三)注意事项 ………………………………………… (145)
五、早稻超级稻"三定"栽培技术(湖南省) ……………… (145)
　(一)适用范围与品种 ………………………………… (145)
　(二)技术规程 ………………………………………… (146)
　(三)注意事项 ………………………………………… (150)
六、晚稻超级稻"三定"栽培技术(湖南省) ……………… (150)
　(一)适用范围与品种 ………………………………… (150)
　(二)技术规程 ………………………………………… (151)
　(三)注意事项 ………………………………………… (155)
第五章　西南稻区超级稻栽培技术 ……………………… (156)
一、超级稻强化栽培技术(四川省) ……………………… (156)
　(一)适用范围与品种 ………………………………… (156)
　(二)技术规程 ………………………………………… (156)
　(三)注意事项 ………………………………………… (159)
二、超级稻免耕移栽栽培技术(四川省) ………………… (160)
　(一)适用范围与品种 ………………………………… (160)
　(二)技术规程 ………………………………………… (160)

（三）注意事项···（165）

第六章　东北稻区超级稻栽培技术·····················（166）

一、寒地超级稻栽培技术（黑龙江省）·················（166）

（一）适用范围与品种·································（166）

（二）技术规程···（166）

（三）注意事项···（169）

二、超级稻配套栽培技术（吉林省）·····················（169）

（一）适用范围与品种·································（169）

（二）技术规程···（170）

（三）注意事项···（172）

三、超级稻无纺布旱育稀植栽培技术（辽宁省）··········（172）

（一）适用范围与品种·································（172）

（二）技术规程···（172）

（三）注意事项···（175）

附录　2005～2007 年农业部认定的 61 个超级稻品种汇总

表···（176）

第一章　农业部认定的超级稻品种

一、2005 年认定的 28 个超级稻品种

1. 天优 998

品种来源　三系籼型杂交稻组合,亲本为天丰 A/广恢 998。由广东省农业科学院选育。

特征特性　感温型杂交稻。在广东省作晚稻(造)种植,平均全生育期 109～111 天,与培杂双七相近。分蘖力中等,株型紧凑,叶片偏软。株高 96.7～99.3 厘米,穗长约 21.2 厘米。每穗总粒数 126～129 粒,结实率 80.9% 左右,千粒重 24.2～25.3 克。晚稻米质达国标优质 2 级,外观品质鉴定为 1 级,整精米率 61.5%～62.4%。抗稻瘟病,田间叶瘟发生中等偏轻,穗瘟发生轻微;对广东省白叶枯病优势菌群 C4 和次优势菌群 C5,分别表现中抗和中感,抗倒力和后期耐寒力均较强。

产量表现　2002～2003 年 2 年晚稻参加广东省区试,平均每 667 平方米产量分别为 440.6 千克和 450.6 千克,比对照组合培杂双七分别增产 6.4% 和 8.9%,增产分别达显著和极显著水平。

栽培要点　①每 667 平方米秧田播种量 7.5～10.0千克。②秧龄。早稻一般 25 天左右,晚稻一般 16～18

天。③每667平方米插1.8万~2.0万丛,基本苗4万左右;抛秧栽培一般要求不少于1.8万丛,基本苗达4万~5万。④施足基肥,早施分蘖肥,生长后期注意看苗情补施保花肥。⑤浅水移栽、寸水活棵、薄水促分蘖、够苗晒田。⑥苗期要注意防治稻蓟马,分蘖期和成穗期注意防治螟虫、纵卷叶虫和稻飞虱。

适宜区域 该组合在华南适合早、晚稻种植;在长江流域部分地区适合作晚稻种植。

2. 胜泰1号

品种来源 籼型常规稻品种,亲本为胜优2号/泰引1号。由广东省农业科学院水稻研究所选育。

特征特性 胜泰1号可作早、中、晚稻兼用。在广东省早稻种植,全生育期128天,晚稻约115天,在南方稻区其他省、直辖市作中稻种植,全生育期比汕优63短2~5天。分蘖力中等,成穗率高,叶片厚直,叶色青翠,前期早生早长,后期熟色好。茎叶形态结构理想,根系发达,伸长速度快,分布深广、活力强、不早衰。每667平方米有效穗18万~23万穗,一般穗长23厘米以上,平均穗粒数150粒左右,高产栽培平均穗长超过25厘米,结实率85%以上,千粒重约23克。米质达国家级、部级和省级优质米标准,精米长6.4毫米,长宽比2.9,直链淀粉含量为16.6%,糙米率80.6%,精米率75.2%,垩白率8%,透明度2级,碱消值7.0级,蛋白质含量10.1%,米饭软滑味足。大田表现苗期抗稻蓟马,稻瘟病中感,中抗细菌条斑病。早稻苗期抗寒性强,耐肥抗倒性强,增肥效应好。

产量表现 在中等以上肥力田种植,连作早稻每 667 平方米产量超 500 千克,高产栽培,产量潜力超 700 千克/667 米²。在中稻区种植,产量高于汕优 63,比一般优质常规品种显著高产。

栽培要点 ①早稻宜于 2 月底到 3 月初播种,清明前后移植;晚稻中早熟,宜于 7 月中旬播种,立秋前移植。②基本苗 8 万~10 万,每 667 平方米有效穗 18 万~23 万穗,插植规格可采用 20 厘米×20 厘米或 23 厘米×20 厘米。③早施重施前期肥,促进分蘖早、快、旺,提高营养生长期平均单茎生物产量;创造条件施用保粒、攻粒肥;根据土壤肥力条件和产量指标而确定施肥量,并注意多施有机肥,注意氮、磷、钾肥适当配合施用。④插后浅水回青,薄水分蘖,够苗露田,以浅露轻晒为主,争取在幼穗分化前叶色褪至淡青。后期注意灌好跑马水,保持田土湿润至成熟。⑤在稻瘟病严重地区要注意防治稻瘟病。

适宜区域 该品种适宜在华南主栽常规稻地区和主栽杂交稻的地区推广应用。

3. D 优 527

品种来源 三系籼型杂交稻组合,亲本为 D62A/蜀恢527。由四川农业大学选育。

特征特性 全生育期,在长江上游比对照汕优 63 平均长 3.8 天,在长江中下游比对照汕优 63 平均长 4.1 天,在福建省作中稻比对照汕优 63 长 2.3 天,作晚稻与对照汕优 63 相当。苗期繁茂性好,分蘖力强,茎秆粗壮,平均株高 117.4 厘米,植株松散适中,后期转色好,每 667 平方米有效穗数以 17.7 万穗为宜。穗型中等,穗长 25.6 厘米,平均每穗实粒数 152.4 粒,结实率 80.6%,长粒型,千粒重约 29.9 克,单穗粒重 4.55 克左右。国审米质指标是整精米率 52.1%,长宽比 3.2,垩白率 43.5%,垩白度 7.0%,胶稠度 51.0 毫米,直链淀粉含量 22.7%,各项米质指标均达部颁 2 级以上优质米标准。中抗稻瘟病,抗叶瘟 2.3 级(变幅 1~3),穗瘟 4 级(变幅 3~5);白叶枯病 7 级;褐飞虱 9 级。

产量表现 1999~2000 年参加四川省区域试验,平均单产 577.9 千克/667 米^2,比对照汕优 63 增产 8.3%。2000 年参加四川省生产试验,平均单产 589.2 千克/667 米^2,比对照汕优 63 增产 10.9%。2000~2001 年参加福建省中稻区域试验,平均单产 559.2 千克/667 米^2,比对照汕优 63 增产 9.0%。2000~2001 年参加长江流域区域试验,平均单产 609.2 千克/667 米^2,比对照汕优 63 增产 5.1%;2001 年参加生产试验,平均单产 607.8 千克/667 米^2,比对照汕优 63 增产 6.3%。

栽培要点 ①播前晒种,清水洗种,药剂浸种。适时早播,培育多蘖壮秧。要求秧田每 667 平方米播种量 10.0 千克。②适龄移栽,适当稀植,插足基本苗。适宜秧龄应控制在 40 天以内,每丛栽 1 粒谷苗,每 667 平方米 1.3 万~1.6 万丛,每 667 平方米基本苗 9 万~10 万。③合理施肥,以有机肥为主,化肥为辅;迟速结合,多元配合;控氮、增磷、钾肥。施肥比例:基肥 60.0%~70.0%、蘖肥 20.0%~30.0%、穗肥 10.0%。④浅水栽插,深水护秧,薄水分蘖,湿润灌溉,够苗轻晒田,控制无效分蘖。水分管理重在后期,特别是抽穗至灌浆期排水不宜过早,以免影响米质。⑤采用综合防治措施,及早防治病虫害,重点防治稻蓟马、螟虫、稻苞虫及稻瘟病。

适宜区域 适宜在长江流域的四川、重庆、湖北、湖南、浙江、江西、安徽、上海、江苏等省、直辖市(武陵山区除外)和云南省、贵州省海拔1 100米以下地区,以及河南省信阳、陕西省汉中地区白叶枯病轻发区作一季中稻种植,在福建省各地作中、晚稻种植。

4. 协优527

品种来源 三系籼型杂交稻组合,亲本为协青早A/蜀恢527。四川农业大学选育。

特征特性 在长江上游,作一季中稻种植,全生育期比对照汕优63平均长0.1~0.4天,在湖北省比对照汕优63长2.4天,在福建省比对照汕优63长1~2天。株高平均111.2厘米,株型适中,耐寒性较弱。每667平方米有效穗数17.0万穗,穗长24.6厘米,结实率82.7%,千粒重32.3克,单穗粒重4.50克左右。整精米率60.9%,长宽比3.1,垩白率35.0%,垩白度6.8%,胶稠度74.0毫米,直链淀粉含量21.9%。抗叶瘟1~5级,穗颈瘟1~7级,稻瘟病9级,白叶枯病最高7级,褐飞虱9级。

产量表现 2001~2002年参加四川省区域试验,平均单产578.6千克/667米^2,比对照汕优63增产9.6%。2002年参加生产试验,平均单产571.5千克/667米^2,比对照汕优63增产10.4%。2001~2002年参加湖北省中稻品种区域试验,平均单产 606.2 千克/667 米^2,比对照汕优 63 增产 5.2%。2001～2002 年参加福建省三明市中稻区域试验,平均单产 591.6 千克/667 米^2,比对照汕优 63 增产 11.4%。2002～2003 年参加长江上游区域试验,平均单产 595.2 千克/667 米^2,比对照汕优 63 增产 6.1%。2003 年参加生产试验,平均单产 652.0 千克/667 米^2,比对照汕优 63 增产 12.3%。

栽培要点 播种前晒种,清水洗种,药剂浸种。适时早播种,稀播育壮秧。根据当地种植习惯与汕优 63 同期播种,要求每 667 平方米秧田播种量 10.0 千克。适龄适度规格密栽,适宜秧龄应控制在 40 天,丛栽 2 粒谷苗。每 667 平方米栽 1.5 万～1.7 万丛,每 667 平方米基本苗 7 万～10 万。增施农家肥,配合施用氮、磷、钾肥。要求施肥比例:基肥占 60%～70%,分蘖肥占 20%～30%,穗肥占 10%。适时灌溉防干旱,要求做到干湿交替,够苗晒田,后期不可脱水过早。注意防治病虫害,特别注意防治稻瘟病和白叶枯病。

适宜区域 适宜在云南省、贵州省、重庆市的中低海拔稻区(武陵山区除外)和四川省平坝稻区、陕西省南部稻瘟病、白叶枯病轻发区作一季中稻种植。

5. Ⅱ优 162

品种来源 三系中籼杂交稻,亲本为Ⅱ-32A/蜀恢 162(密阳 46//707/明恢 63)。由四川农业大学选育。

特征特性 全生育期比对照汕优 63 长 3～4 天。株高约 120 厘米,生长整齐,株型紧凑,繁茂性好,叶色浓绿,分蘖力强,成穗率较高,穗大粒多。穗平均着粒 150～180 粒,结实率 80%,千粒重 28 克左右。糙米率 80%,精米率 75%,整精米率 69.2%,直链淀粉含量 21.3%,蛋白质含量 8.8%,适口性好,被誉为珍珠米,质量达部颁优质米 1 级标准。抗叶瘟 4～5 级,抗穗颈瘟 0～3 级,抗稻瘟病较强。

产量表现　1995 年参加四川省区试,11 个试点,平均每 667 平方米产量为 593.8 千克,比对照汕优 63 增产 5.7%,居首位。1996 年,四川省区试续试,18 个试点,平均每 667 平方米产量为 564.1 千克,比对照增产 4.5%,仍居首位。2 年区试,平均每 667 平方米产量为 478.9 千克,比对照增产 5.4%。1996 年生产试验,5 个试点,平均每 667 平方米产量为 596.1 千克,比对照汕优 63 增产 11.9%。

栽培要点　适时播种,稀植培育壮秧。一般每 667 平方米秧田播种量 10 千克,秧龄 45 天左右为佳。一般每 667 平方米栽 1.2 万丛,插足基本苗。大田以基肥为主,追肥为辅;有机肥为主,化肥为辅,氮、磷、钾肥配合施用,并适当增施氮肥。

适宜区域　适宜在四川省适种汕优 63 的地区种植,也适宜在西南地区及长江流域白叶枯病轻发区作一季中稻种植。

6. Ⅱ优 7 号

品种来源　三系中籼杂交水稻组合,亲本Ⅱ-32A/泸恢 17。由四川省农业科学院选育。

特征特性 该组合全生育期 140 天左右,与汕优 63 相仿。株型紧凑,叶色浓绿,分蘖力强,叶片上举。株高约 115 厘米,穗长 26 厘米,穗粒数 150 粒,结实率 85% 以上,千粒重 27.5 克。稻谷糙米率 81.0%,精米率 70.0%,整精米率 61.4%,直链淀粉含量 20.9%,蛋白质 8.7%,半透明,食味好。苗期耐寒性好,穗期耐高温,抗倒力强。

产量表现 1994 年杂交稻新组合比较试验,每 667 平方米产量 627.8 千克,比对照汕优 63 增产 10.4%。1995 年,多点生产示范试验,每 667 平方米产量 587.9 千克,比对照汕优 63 增产 7.14%。在 1996～1997 年,四川省区域试验结果,每 667 平方米产量分别为 565.5 千克和 595.7 千克,比对照汕优 63 分别增产 2.3% 和 5.3%。1997 年,四川省生产示范试验,每 667 平方米产量 587.8 千克,最高的达 723 千克,比对照汕优 63 增产 7.5%。

栽培要点 ①培育壮秧,地膜湿润育秧、催芽播种,每 667 平方米播种量 15～25 千克。川东南 3 月 10 日左右播种,川西北 4 月上旬播种,旱育中苗,播种量为每平方米 135～150 克芽谷。②秧龄和移栽秧龄 35～45 天。栽插规格 16.5 厘米×26 厘米,每丛 2 粒谷,浅水播种,以利返青,早生快发。③一般中等田块每 667 平方米施纯氮 8～10 千克,同时注意磷、钾肥配合施用。施肥采用重基、早追、后调节的策略。基肥占总施氮量 60%,返青后追施氮肥 20%,剩余 20% 作后期调节。④加强病虫害防治,重点防治飞虱和螟虫。

适宜区域 适宜在四川省海拔 800 米以下的中稻区

及重庆市相似生态区种植。

7. Ⅱ优602

品种来源　三系籼型杂交水稻,亲本为Ⅱ-32A╱泸恢602。由四川省水稻高粱研究所培育选育。

特征特性　在长江上游作一季中稻种植时,全生育期平均155.7天,比对照汕优63迟熟2.4天。分蘖力强,结实率高,耐高温能力强。株高110.6厘米,每667平方米有效穗数16.3万穗,穗长24.6厘米,每穗总粒数150.5粒,结实率82.4%,千粒重29.7克。整精米率61%,长宽比2.3,垩白率38%,垩白度8.1%,胶稠度45毫米,直链淀粉含量21.8%。抗稻瘟病9级,白叶枯病7级,褐飞虱5级。耐寒性强,成熟期转色好。

产量表现　2001年,参加长江上游中籼迟熟高产组区域试验,平均每667平方米产量为603.2千克,比对照汕优63增产3.2%,增产达极显著水平;2002年续试,平均每667平方米产量为580.0千克,比对照汕优63增产6.2%,增产达极显著水平;2年区域试验,平均每667平方米产量为590.8千克,比对照汕优63增产4.7%。2003年生产试验,平均每667平方米产量为613.9千克,比对照汕优63增产6.4%。

栽培要点　①根据当地种植习惯与汕优63同期播种,每667平方米秧田播种10千克,秧龄35~40天。②采用宽窄行栽培,规格为(33.3厘米+20厘米)/2×16.7厘米,每丛栽2粒谷苗。③施足基肥,每667平方米施纯氮8~10千克,过磷酸钙20千克,钾肥5千克。栽后

7 天和孕穗期施追肥,每 667 平方米施纯氮各 3 千克。④注意防治稻瘟病和白叶枯病。

适宜区域 适宜在云南省、贵州省、重庆市的中低海拔稻区(武陵山区除外)和四川省平坝稻区、陕西省南部稻瘟病、白叶枯病轻发区作一季中稻种植。

8. 准两优 527

品种来源 两系籼型杂交水稻,亲本为准 S/蜀恢 527。由湖南省杂交水稻研究中心和四川农业大学共同选育。

特征特性 在长江中下游,作一季中稻种植,全生育期平均 134.3 天,比对照汕优 63 迟熟 1.1 天。株型适中,长势繁茂,抗倒性一般。株高约 123.1 厘米,每 667 平方米有效穗数 17.2 万穗,穗长 26.1 厘米,每穗总粒数 134.1 粒,结实率 84.6%,千粒重 31.9 克。整精米率 52.7%,长宽比 3.4:1,垩白率 27%,垩白度 4.4%,胶稠度 77 毫米,直链淀粉含量 21.0%,达到国家《优质稻谷》标准 3 级。抗稻瘟病平均 4 级,最高 5 级,白叶枯病 7 级,褐飞虱 9 级。在武陵山区作一季中稻种植,全生育期平均 146.8 天,比对照Ⅱ优 58 早熟 2.5 天。株高 116.0 厘米,每 667 平方米有效穗数 17.5 万穗,穗长 24.8 厘米,每穗总粒数 131.3 粒,结实率 88.3%,千粒重 31.7 克。整精米率 52.7%,长宽比 3.2:1,垩白率 29%,垩白度 3.8%,胶稠度 59 毫米,直链淀粉含量 22.2%,达到国家《优质稻谷》标准 3 级。抗稻瘟病平均 5 级,最高 7 级。

产量表现 2003 年,参加长江中下游中籼迟熟优质

A 组区域试验,平均每 667 平方米产量为 535.33 千克,比对照汕优 63 增产 7.2%,增产达极显著水平;2004 年续试,平均每 667 平方米产量为 601.8 千克,比对照汕优 63 增产 7.0%,增产达极显著水平;2 年区域试验,平均每 667 平方米产量为 568.6 千克,比对照汕优 63 增产 7.1%;2004 年生产试验,平均每 667 平方米产量 538.3 千克,比对照汕优 63 增产 9.3%。在武陵山区,2003 年参加中籼组区域试验,平均每 667 平方米产量为 586.3 千克,比对照Ⅱ优 58 增产 5.4%,达极显著水平;2004 年续试,平均每 667 平方米产量为 596.5 千克,比对照Ⅱ优 58 增产 8.7%(极显著);2 年区域试验,平均每 667 平方米产量为 591.4 千克,比对照Ⅱ优 58 增产 7.0%。2004 年生产试验,平均每 667 平方米产量为 572.7 千克,比对照Ⅱ优 58 增产 12.2%。

　　栽培要点　①适时播种,秧田每 667 平方米播种量 15 千克,大田每 667 平方米用种量 1.5 千克。②每 667 平方米插 1.1 万～1.3 万丛,基本苗 6 万～7 万苗。③适宜在中等肥力水平下栽培,施肥以基肥和有机肥为主,前期重施,早施追肥,后期看苗施肥。在水浆管理上,做到前期浅水,中期轻搁,后期采用干干湿湿灌溉,断水不宜过早。④注意及时防治稻瘟病、白叶枯病等病虫害。

　　适宜区域　适宜在贵州省、湖南省、湖北省、重庆市的武陵山区稻区海拔 800 米以下的稻瘟病轻发区作一季中稻种植。

9. 丰优299

品种来源 三系籼型杂交稻组合,亲本丰源 A/湘恢299。由湖南省杂交水稻研究中心选育。

特征特性 中熟晚籼组合。全生育期 2 年平均114.8 天,比对照金优 207 迟熟 3.6 天。株型偏散、剑叶挺直、穗粒较协调、籽粒较大,熟期转色较好。株高 100.9 厘米,每 667 平方米有效穗 18.9 万穗,穗长 21.6 厘米,每穗总粒数 135 粒左右,结实率 80.7%,千粒重 28.8 克。整精米率 44.3%,垩白率 48%,垩白度 6.5%,长宽比 3∶1,胶稠度 76 毫米,直链淀粉含量 22.5%。抗稻瘟病加权平均级3.7级,白叶枯病 7 级,褐飞虱 9 级。

产量表现 2003 年初试,平均每 667 平方米产量为517.0 千克,比对照金优 207 增产 2.5%,达极显著水平;2004 年续试,平均每 667 平方米产量 518.1 千克,比对照金优 207 增产 2.4%,达极显著水平;2 年平均每 667 平方米产量 517.5 千克,比对照金优 207 增产 2.4%,增产点比例 66.7%。

栽培要点 在湖南省作双季晚稻栽培,宜在 6 月18～23 日播种,每 667 平方米大田用种量1.5～2.0 千克。7 月 20 日前移栽,秧龄期控制在 30 天内。插植密度 23.3厘米×16.7 厘米,每丛插 2 苗,每 667 平方米插落地苗 8万～10 万株。及时搞好肥水管理和病虫害防治。

适宜区域 该品种适宜在湖南省稻瘟病轻发区作双季晚稻种植。

10. 金优 299

品种来源　三系杂交水稻,亲本为金 23A/湘恢 299 (R402 × 先恢 207)。由湖南省杂交水稻研究中心选育。

特征特性　感温型杂交稻。广西壮族自治区中北部早稻种植,全生育期 116 ~ 122 天,比对照粤香占早熟 4 天左右。株型适中,长势较繁茂,叶片较大、绿色,叶鞘、稃尖紫色,抗倒性较差,后期落色好。株高 110.2 厘米,每 667 平方米有效穗数 15.95 万穗,穗长 23.0 厘米,每穗总粒数 158.6 粒,结实率 77.7%,千粒重 28.7 克。米质指标:糙米率 81.1%,整精米率 61.7%,长宽比 2.9:1,垩白率 73%,垩白度 13.9%,胶稠度 79 毫米,直链淀粉含量 19.6%。抗穗瘟病 7 级和白叶枯病 5 级。

产量表现　2003 年,早稻参加广西壮族自治区中北部中熟组区域试验,5 个试点平均每 667 平方米产量 518.3 千克,比对照粤香占增产 6.1%(显著);2004 年续试,5 个试点,平均每 667 平方米产量 547.4 千克,比对照粤香占增产 8.6%(极显著);生产试验平均 667 平方米产量 452.3 千克,比对照粤香占增产 2.4%。

栽培要点　①早稻广西壮族自治区中部 3 月中下旬播种,广西北部 3 月下旬播种,防寒育秧;晚稻广西壮族自治区中北部 6 月下旬至 7 月上旬播种。②移栽秧龄 4.5 ~ 5.5 叶,抛秧秧龄 2.5 ~ 3.5 叶期,规格 20.0 厘米 × 16.7 厘米或 23.3 厘米 × 16.7 厘米,每 667 平方米栽 8 万 ~ 10 万株基本苗。③合理施肥,增穗增粒:施足基肥,早施追肥,巧施穗粒肥。氮、磷、钾肥配合施用,有机肥无机肥适量搭配。基肥应占总肥量的 60%～70%,每 667 平方米,以 1 500～2 000 千克土杂肥或 1 500 千克腐熟厩肥,加 30 千克磷肥作基肥。栽后 7 天内用 8～10 千克尿素追肥,促其早生快发;幼穗分化期每 667 平方米用 2.5 千克尿素,加 5～7 千克氯化钾混合施用,以促后期穗大秆壮。在抽穗期,根据叶色或长势,酌情补施氮肥和钾肥,或喷施叶面肥。④加强水分管理和病虫害防治:后期宜采用干湿交替灌溉,不要断水过早,同时应注意对稻瘟病、纹枯病、螟虫、飞虱等病虫的防治。

适宜区域　适宜在广西壮族自治区中稻作区,作早、晚稻,也可在广西壮族自治区北部稻作区作晚稻种植。

11. Ⅱ优 084

品种来源　三系籼型杂交水稻,亲本Ⅱ-32A/镇恢084。由江苏省镇江农业科学研究所选育。

特征特性　在长江中下游作中稻种植,全生育期平均 142.4 天,比对照汕优 63 迟熟 3.1 天。株高 121.4 厘米,株叶形态好,茎秆粗壮,抗倒性强。每 667 平方米有效穗数 17 万穗,穗长 23.3 厘米,每穗总粒数 160.3 粒,结实率 86%,千粒重 27.8 克。抗病虫性:叶瘟 5 级,穗瘟 9 级,穗瘟损失率 9.3%,白叶枯病 7 级,褐飞虱 9 级。米质指标:整精米率 56.1%,长宽比 2.6∶1,垩白率 32%,垩白度5.3%,胶稠度 49 毫米,直链淀粉含量 21.9%。

产量表现　2000 年,参加南方稻区中籼迟熟组区域试验,平均每 667 平方米产量 560.4 千克,比对照汕优 63 增产 1.9%(不显著)。2001 年,参加长江中下游中籼迟熟优质组区域试验,平均每 667 平方米产量 648.4 千克,比对照汕优 63 增产 6.89%(极显著)。2002 年,参加长江中下游中籼迟熟优质组生产试验,平均每 667 平方米产量 583.1 千克,比对照汕优 63 增产 4.98%。

栽培要点　①适时播种:一般 4 月下旬至 5 月中旬播种,秧田每 667 平方米播种量 7.5 千克。②合理密植:中上等肥力田每 667 平方米栽 1.2 万~1.3 万丛,每丛 1~2 粒谷苗,每 667 平方米 5 万落地苗。③肥水管理:一般每 667 平方米施纯氮 15 千克左右。要求施足基肥,早施重施促蘖肥,促早发;施好穗肥,做到促保兼顾。肥水运筹掌握前促、中控、后稳的原则。④注意防治稻瘟病、白叶枯病及稻飞虱等病虫的危害。

适宜区域　适宜在长江流域的江西、福建、安徽、浙江、江苏、湖北、湖南等省(武陵山区除外),以及河南省信阳地区稻瘟病轻发区作一季中稻种植。

12. 辽优 5218

品种来源　三系粳型杂交稻,亲本为辽 5216A/C418。由辽宁省农业科学院选育。

特征特性　中熟散穗杂交稻,在沈阳市水田栽培下生育期 161 天。株高 115~120 厘米,穗长 20 厘米,分蘖力强,成穗率高。每 667 平方米有效穗数 23 万穗左右,每穗实粒数 110 粒左右,结实率高达 90%以上,千粒重 26~27 克。米质优,适口性好。苗期耐低温力强于常规品种,高抗稻瘟病与稻纹枯病,中抗白叶枯病,一般不感稻曲病。茎秆坚韧,抗倒伏力强。

产量表现 1998～1999 年,2 年在辽宁省杂交粳稻区域试验中,平均每 667 平方米产量 635.1 千克,比常规稻增产 14%,最高每 667 平方米产量 821.6 千克。在所有的参试品种中,该品种产量名列前茅。在 1999～2000 年 2 年的生产试验中,单产幅度在 628.6～757.1 千克/667 米^2 之间,平均每 667 平方米产量 656.8 千克,比对照品种增产 15.2%。具有很强的增产潜力。

栽培要点 ①适期早播早插,稀播培育壮秧。种子严格消毒,用菌虫清 2 号药剂浸种,防止恶苗病和干尖线虫病的发生。辽南稻区 4 月 10 日前播完种。育秧时,每平方米播 200～250 克种子,培育带蘖壮秧,5 月 25 日前插完秧。②合理稀植。插秧规格 36.7 厘米×13.3 厘米或 (43.3+30.0)厘米/2×13.3 厘米。每 667 平方米栽植 1.35 万丛,每丛 3 棵壮苗。③合理施肥。施肥上采用"前促、中稳、后保"原则,氮肥平稳促进,增施磷、钾、锌肥。基肥每 667 平方米施硫酸铵 20 千克,二铵 10～15 千克,钾肥 7 千克,锌肥 2～3 千克。分蘖始期每 667 平方米施硫酸铵 10～15 千克;分蘖盛期每 667 平方米施硫酸铵 10 千克、钾肥 7 千克。减数分裂期每 667 平方米施硫酸铵 5 千克。④科学灌水,防治病虫害。浅湿干间歇灌溉,分蘖末期适当晒田,尽量延迟断水。及时防治病虫草害,预防二化螟、稻曲病。在东部沿海等重病稻区,应注意预防白叶枯病、稻瘟病。⑤稻白叶枯病重发区注意防治。如管理得当,一般不用防治稻瘟病、稻曲病和稻飞虱。

适宜区域 适合在沈阳、辽阳、营口、盘锦、大连、丹东等市,以及新疆、北京、天津、山东、河南等省、自治区、直辖市稻区种植。

13. 辽优 1052

品种来源　三系粳型杂交稻,亲本辽 5216A/C418。由辽宁省农业科学院选育。

特征特性　香型晚熟杂交粳稻,在沈阳市全生育期为 158 天左右。半紧穗型,叶片直立,株型理想。茎秆粗壮,抗倒伏能力强,分蘖力强,成穗率高。株高 115 厘米左右,穗长 19～25 厘米,每 667 平方米有效穗数可达 23 万～25 万穗,每穗粒数 130～150 粒,结实率 90% 以上,千粒重 24.5 克。米质优,透明度高,整精米率 70.7%,直链淀粉含量 17.3%。垩白率为 26%,总垩白度为 1.8%。米饭具有特异的爆米香气,适口性好,适合做特种米开发。抗病性好,生态适应性广,抗倒伏能力强。

产量表现　在 2001～2002 年辽宁省水稻区试中,平均每 667 平方米产量 675.1 千克,比对照辽粳 454 增产5.3%。小区品比,每 667 平方米产量 745.6 千克,比对照品种辽粳 454 增产达 11.4%,具有很强的增产优势。2002年,在瓦房店市种植 73.3 公顷,平均每 667 平方米产量达752 千克。

栽培要点　①适期播种,稀播育壮秧,每平方米播种量为 200～250 克。每 667 平方米用种量 1.5～2.0 千克。②合理密植,采用 36.7 厘米×13.3 厘米,每丛 3～4 苗。③合理施肥,每 667 平方米施硫酸铵 60～65 千克,钾肥 5千克,磷酸二铵 10～15 千克。依照前重、中轻、后补的原则施用。④科学灌水,防治病虫害。浅湿干间歇灌溉,分蘖末期适当晒田,尽量延迟断水。⑤及时防治病虫草害,预防二化螟、稻瘟病,特别注意防治稻曲病和稻飞虱。

适宜区域 适宜在辽宁省沈阳、辽阳、铁岭、开原、鞍山、营口、瓦房店等地种植,也适宜在新疆、宁夏、河北、陕西、山西等省、自治区种植。

14. 沈农265

品种来源 粳型常规稻,亲本为辽粳 326//1308/02428。由沈阳农业大学选育。

特征特性 属中熟粳型常规稻。生育期 158 天。株型紧凑,分蘖力较强,穗型直立。株高 100～105 厘米,穗长 16 厘米,每穗 120～150 粒,千粒重 26 克。颖壳黄白色,无芒或极少芒。糙米率 82.4%,精米率 75.1%,整精米率 63.3%,粒长 4.5 毫米,长宽比 1.6,垩白率 12%,垩白度 0.2%,透明度 1 级,碱消值 7.0 级,胶稠度 78 毫米,直链淀粉含量 16.0%。中感叶瘟病,抗穗颈瘟病,纹枯病较轻,抗倒,不早衰。

产量表现 在 1997～1998 年 2 年辽宁省区域试验中,平均每 667 平方米产量为 534.3 千克,比对照铁粳 4 号增产 7.9%,1999～2000 年 2 年生产试验,平均每 667 平方米产量 641.9 千克,比对照铁粳 4 号增产 13.5%,一般每 667 平方米产量为 500 千克。

栽培要点 ①稀播育壮秧,4 月上旬播种。播种量,每平方米催芽种子 300 克,5 月中旬插秧。②栽培密度:行株距 30 厘米×13.5 厘米,每穴 3～4 苗。③施肥:氮、磷、钾配方施肥,每667平方米施纯氮15~17千克,按基肥30%、分蘖肥40%、补肥20%、穗肥10%的方式分期施用。每667平方米施五氧化二磷6~7千克,作为基肥施用。每667平方米施氧化钾9~11千克,分2次施,基肥70%,拔节期施30%。④田间管理:水分管理采取浅—深—浅—湿的节水灌溉方法。7月上中旬注意防治二化螟。抽穗前注意对稻曲病和稻瘟病的防治。

适宜区域 适宜在辽宁省的开原市南部、铁岭、沈阳、辽阳、鞍山、营口等市,以及吉林省四平、长春、松原等市晚熟平原稻作区种植。

15. 沈农606

品种来源 粳型常规稻,亲本为沈农92326/沈农265-11。由沈阳农业大学水稻研究所选育。

特征特性 属晚熟偏早熟常规稻。在辽宁省中部稻作区种植,全生育期158~160天。株高105厘米,株型紧凑,耐肥抗倒。分蘖势和分蘖力极强,分蘖集中,大而整齐,单株分蘖达25个以上,繁茂性好。叶片前期略弯曲,后期直立,剑叶较大,半直立穗型。每穗颖花数可达120~130个,穗粒数110~120粒,结实率达90%以上,千粒重25克。经农业部稻米及制品质量监督检验测试中心测试,沈农606在部颁12项米质指标中,有8项指标达到1级优质米标准,食味良好。具有较强的田间抗病性和抗逆性,适应不同肥力地块,具有省肥节水的特点,是资源节约型水稻品种。

产量表现 沈农606于2000年参加辽宁省水稻新品

种区域试验,2002 年参加生产试验,并于同年在辽宁省的辽中、新民、沈阳、海城、辽阳、盘锦、铁岭、开原等市布点试种,产量表现突出。在海城市西四镇和新民市张屯镇,大面积试种示范 30 公顷,经辽宁省科技厅和农业厅组织专家验收,平均每 667 平方米产量分别达到 826.1 千克和827.1 千克以上,具有较高的产量潜力。

栽培要点 ①稀播培育带蘖壮秧:采用营养土保温旱育苗、盘育苗或钵盘育苗。②移栽及肥水管理:插秧行穴距采用 30 厘米 × 20 厘米,中等肥力田块行穴距采用 30厘米 × 16.7 厘米。③一般每 667 平方米施硫酸铵(标氮)50 ~ 60 千克,分 3 段 5 次(基肥、蘖肥、调整肥、穗肥、粒肥)施入,施磷酸二铵 7.5 ~ 10 千克,作基肥一次性施入;施硫酸钾 7.5 ~ 10 千克,60% 作基肥,40% 作穗肥。水层管理以浅、湿、干间歇灌溉为主,防止大水漫灌。分蘖末期撤水搁田,防止倒伏。当茎蘖挺实,叶色转淡,穗分化开始前及时复水,后期不宜断水过早。④病虫草害综合防治:移栽后 5 ~ 10 天,施用除草剂进行大田封闭;分蘖盛期,喷施杀虫双灵防治二化螟;6 月中下旬及 7 月上旬,防治纹枯病。出穗前 5 ~ 7 天,喷施 DT 菌剂、克乌星或络氨铜等药剂防治稻曲病。孕穗期和齐穗期,喷施稻瘟灵或三环唑防治稻瘟病。如发现稻飞虱,应及时喷施扑虱净或吡虫啉等防治。

适宜区域 适宜在辽宁省沈阳市以南,活动积温3 200℃地区种植,在宁夏、河北等省、自治区部分地区亦可种植。

16. 沈农 016

品种来源　粳型常规稻,亲本为沈农 92326/沈农 95008。由沈阳农业大学水稻研究所选育。

特征特性　属中晚熟粳型常规稻。沈农 016 在辽宁省中部稻区种植,全生育期 160 天左右。株高 105 厘米,株型前期松散,中后期紧凑。单株分蘖达 25 个以上,繁茂性好。叶片前期略弯曲,后期直立,剑叶较大,穗型半弯曲。正常栽培条件下,每 667 平方米适宜穗数为 28 万 ~ 30 万穗,平均每穗颖花可达 130 ~ 150 个,结实率可达 90%以上,千粒重 25 克。经农业部稻米及制品质量监督检验测试中心检测,沈农 016 主要米质指标达国标优质米 2 级标准,且食味较好。抗穗颈瘟病。

产量表现　沈农 016 于 2002 年参加辽宁省新品种区域试验,平均每 667 平方米产量达 622.8 千克,比对照增产 8.2%,居同熟期各品种之首。2003 年提前进入生产试验,并进行大面积试种示范,在沈阳市苏家屯区红菱镇、盘锦市东风农场和海城市西四镇试种 20 公顷,表现出抗倒抗病、活秆成熟的优势,平均每 667 平方米产量超过 750 千克。

栽培要点　采用营养土保温旱育苗、钵盘育苗或无纺布育苗,稀播种培育壮秧,行株距为 30.0 厘米 × 16.6 厘米,每穴 3 ~ 4 苗。每 667 平方米施标氮 50 ~ 60 千克,磷酸二铵和钾肥各 10 千克。采用化学除草辅以人工拔草,适时防治二化螟等。

适宜区域　适宜在沈阳市以南中晚熟稻区种植,也可在辽宁省及我国北方各省年活动积温在 3 300℃以上地区种植。

17. 吉粳 88

品种来源 粳型常规水稻,亲本为奥羽 346/长白 9 号。由吉林省农业科学院选育。

特征特性 在东北、西北早熟稻区种植,全生育期 153.5 天,比对照吉玉粳晚熟 5.5 天。株高 95 厘米,穗长 17.6 厘米,每穗总粒数 134.2 粒,结实率 88%,千粒重 24 克。米质主要指标:整精米率 71.3%,垩白率 4%,垩白度 0.2%,胶稠度 83 毫米,直链淀粉含量 16.3%,达到国家《优质稻谷》标准 1 级。抗病性:苗瘟 0 级,叶瘟 0 级,穗颈瘟 1 级。

产量表现 2003 年参加北方稻区吉玉粳组区域试验,平均每 667 平方米产量 552.5 千克,比对照吉玉粳减产 9.2%(为极显著水平);2004 年续试,平均每 667 平方米产量 588.3 千克,比对照吉玉粳增产 0.5%(为不显著水平);2 年区域试验平均每 667 平方米产量 569.7 千克,比对照吉玉粳减产 4.6%。2004 年生产试验,平均每 667 平方米产量 507.6 千克,比对照吉玉粳增产 0.1%。

栽培要点 ①播种:根据当地种植习惯与吉玉粳同期播种,旱育秧每平方米播种催芽种子 350 克。②移栽:行株距 30.0 厘米 × 16.5 厘米,每丛栽 3～4 粒谷苗。③肥水管理:氮、磷、钾配方施肥,每 667 平方米施纯氮 10～12.5 千克(分 4～5 次均施),五氧化二磷 4～5 千克(作基肥),氧化钾 6～7.5 千克(作基肥和拔节期追肥)。灌溉应采取分蘖期浅、孕穗期深、籽粒灌浆期浅的灌溉方法。④病虫害防治:7月上中旬注意防治二化螟,抽穗前及时防治稻瘟病等病虫害。

适宜区域　适宜在黑龙江省第一积温带上限,吉林省中熟稻区,辽宁省东北部,宁夏回族自治区的引黄灌区,以及内蒙古自治区的赤峰市,通辽南部,甘肃省中北部及河西稻区种植。

18. 吉粳 83

品种来源　粳型常规水稻,亲本为辽 5216A/C418。由吉林省农业科学院选育。

特征特性　属中晚熟粳型常规水稻。该品种全生育期约 142 天。株高 105 厘米,茎秆强韧,抗倒伏,叶绿色,下位穗。分蘖力极强。主穗长达 21 厘米,主穗实粒数在 160 粒以上,结实率超过 96%,稻谷千粒重约 26 克。谷粒长 7.3 毫米,宽 3.4 毫米,长宽比约为 2∶1。糙米率83.9%,精米透明度 1 级,米质优,食味佳。抗病,抗寒,耐盐碱,活秆成熟,适应性广。

产量表现　1998~2000 年,吉林省区域试验,3 年 26 个点次,平均每 667 平方米产量 571.9 千克,比对照品种农大 3 号增产 1.7%。1998~2000 年 10 个点次生产试验,平均每 667 平方米产量 563.5 千克,比对照品种农大 3 号增产 5.6%。

栽培要点　①稀播培育壮秧,4 月中旬播种,5 月中旬插秧。②合理稀植,插秧密度为 30 厘米×26 厘米或 30 厘米×30 厘米。③肥水管理。施肥要农家肥与化肥相结合,注重氮、磷、钾肥配合施用。水层管理以浅水层为主,做到干湿结合。

适宜区域 适宜在吉林省及邻近省份,年有效积温达 2 900℃ 以上的中晚熟稻区种植。

19. 协优 9308

品种来源 三系籼粳亚种间杂交稻组合,亲本为协青早 A/9308。由中国水稻研究所选育。

特征特性 协优 9308 具有感光性。在浙北地区作单季晚稻种植,浙南地区作连作晚稻种植,作单季晚稻种植时,5 月底至 6 月初播种,播齐历期为 102 天。如提早播种,生育期还会延长,一般比汕优 63 长 6～8 天。作连作晚稻种植时,生育期明显缩短,在浙南 6 月下旬播种,播齐历期为 83～90 天,生育期比汕优 46 约长 4 天。单株有效穗数 12～15 穗,株高 120～135 厘米,茎秆坚韧。叶片挺立、微内卷,剑叶、倒二叶和倒三叶的叶角分别小于 10°、20°和 30°,长度分别达到 45 厘米、55 厘米和 60 厘米,宽度分别达到 2.5 厘米、2.1 厘米和 2.1 厘米,卷曲度为 15%、10%和 10%(中等卷曲度)。穗长 26～28 厘米,着粒密度中等,后期根系活力强,上三叶光合能力强,青秆黄熟不早衰。连作晚稻或单季晚稻种植时,一般平均每穗总粒数均可达 170～190 粒,每穗实粒数可达 150～170 粒(超高产田块可达 200 粒以上),平均结实率最高可达 90% 左右。千粒重作单季晚稻为 28 克,连作晚稻为 27 克左右,平均单穗重达 4.0 克。据农业部稻米及制品质量检测中心 1998 年米质分析结果,协优 9308 的糙米率、精米率、整精米率、碱消值和直链淀粉含量 5 项指标均达优质米 1 级标准,粒型、胶稠度等 3 项指标均达优质米 2 级标准。感稻瘟病和褐稻虱,中抗白叶枯病和白背稻虱。

产量表现　2000 年由农业部科教司组织专家验收,结果显示,协优 9308 在浙江省新昌县,6.7 公顷示范片平均每 667 平方米产量达到 789.2 千克,其中高产田块每 667 平方米产量高达 818.8 千克。2001 年中国超级稻试验示范项目,组织专家又在浙江省新昌县,对协优 9308 6.7 公顷示范片进行产量验收,平均每 667 平方米产量达 796.5 千克,最高田块每 667 平方米产量达 826.7 千克,创浙江省水稻单产历史新高。2002 年浙江省科技厅组织专家,对新昌协优 9308 进行的 66.7 公顷示范片的产量验收,平均每 667 平方米产量达 701.5 千克。协优 9308 在福建、湖南、江西、广西等省、自治区试种表现也很突出,种植面积迅速扩大。

栽培要点　①适时播种:一般在 5 月 15~30 日播种为宜。如播种过迟,生育期缩短,会使穗型变小。②培育壮秧:每 667 平方米秧田播种量控制在 7~8.0 千克,大田每 667 平方米用种量 0.7~0.8 千克,秧本比 1:10。③合理密植:每 667 平方米栽 1.3 万丛(行株距 26 厘米×20 厘米)为宜,每丛插基本苗 1 本。在移栽时,还要注意尽可能带泥浅栽。选择阴天或晴天下午移栽,以减少败苗现象。④科学施肥:氮肥施用,重前期、控后期。中等肥力土壤,一般每 667 平方米在施 750 千克有机肥和磷肥(过磷酸钙 20~25 千克)、钾肥(氯化钾 10~15 千克)的基础上,再施碳酸氢铵 30 千克作基肥,用拖拉机旋耕,施入土层。可少施或不施分蘖肥,而从分蘖末期到剑叶露尖前,即,当稻苗出现脱力发黄现象时,看苗施接力肥或穗肥,可施三元复合肥,每次每 667 平方米用量,控制在施纯氮 1.5 千克左右。⑤水浆管理:在浅水插秧、深水返青、浅水促蘖的基础上,当达到 80%穗数时,开始排水轻搁田(搁到田边开大裂,田中开细裂后,灌一次水再排水搁田,如此反复),直到 7 月底复水,改用间歇灌溉,不再长期建立水层。⑥综合防治:秧田期要重点防治稻蓟马;插秧后及时化学除草。大田期害虫,重点防治螟虫、稻飞虱、稻纵卷叶螟,用锐劲特、杀虫双和扑虱灵等;病害重点防治纹枯病、细条病。如遇台风应关注细条病和白叶枯病发生和防治。⑦适时收割:协优 9308 穗型大,籽粒二次灌浆明显,如过早收割,会影响产量;收割过迟,则易使植株基部叶片枯烂,又易倒伏。因此,特别强调在 80%～90%谷粒黄熟时收割。

适宜区域 适于长江中下游稻区作单季稻,也可在部分双季稻区作连作晚稻种植。

20. 国稻 1 号

品种来源 三系籼型杂交水稻,亲本为中 9A/R8006。由中国水稻研究所选育。

特征特性 在长江中下游作双季晚稻种植,全生育期平均 120.6 天,比对照汕优 46 迟熟 2.6 天。株高 107.8 厘米,茎秆粗壮,株型适中,长势繁茂,剑叶较披。每 667 平方米有效穗数 17.8 万穗,穗长 25.6 厘米,每穗总粒数

142.0 粒,结实率 73.5%,千粒重 27.9 克。米质指标:整精米率 55.9%,长宽比 3.4∶1,垩白率 21%,垩白度 3.4%,胶稠度 64 毫米,直链淀粉含量 21.2%。抗病虫性:稻瘟病 9 级,白叶枯病 7 级,褐飞虱 9 级。

产量表现　2002 年参加长江中下游晚籼中迟熟优质组区域试验,平均每 667 平方米产量 446.5 克,比对照汕优 46 增产 3.77%(达极显著水平);2003 年续试,平均每 667 平方米产量 469.9 千克,比对照汕优 46 减产 0.9%(为不显著水平);2 年区域试验,每 667 平方米平均产量 458.2 千克,比对照汕优 46 增产 1.4%。2003 年生产试验,平均每 667 平方米产量 433.6 千克,比对照汕优 46 增产 1.8%。

栽培要点　①培育壮秧:根据当地种植习惯与汕优 46 同期播种,秧田播种量 6 千克,秧龄在 30 天之内。②移栽:每 667 平方米栽 1.3 万丛(穴)以上,每 667 平方米基本苗 6 万~7 万。③施肥:增施有机肥,重施基肥,早施追肥,巧施穗肥。基肥每 667 平方米用水稻专用肥 50 千克,栽后 10 天内追施尿素 7.5 千克。④水浆管理:深水返青,浅水促蘖,及时晒田,多次轻晒,浅水孕穗,保水养花,防止断水过早,防止早衰。⑤防治病虫害:特别注意防治稻瘟病,注意防治白叶枯病。

适宜区域　适宜在广西壮族自治区中北部、福建省中北部、江西省中南部、湖南省中南部,以及浙江省南部的稻瘟病、白叶枯病轻发区作双季晚稻种植。

21. 国稻 3 号

品种来源 三系籼型杂交水稻,亲本为中 8A/R8006。由中国水稻研究所选育。

特征特性 该组合在江西省作双季晚稻栽培,播种期为 6 月 15~20 日,10 月中下旬成熟,全生育期 120 天左右。该品种米粒外观晶亮透明,有香味,米质达国家标准优质米 3 级。江西省区域试验米质分析结果为:糙米率 80.7%,整精米率 62.3%,垩白率 9%,垩白度 0.5%,直链淀粉含量 20.1%,胶稠度 50 毫米,粒长 7.2 毫米,长宽比 3.4:1。抗苗瘟 4 级、叶瘟 3 级、穗瘟 0 级、稻瘟病 1 级、白叶枯病 5 级。

产量表现 2001 年参加浙江省金华市连作晚稻试验,每 667 平方米产量 517.5 千克,比对照增产 7.8%,达极显著水平。2001 年浙江省金华市生产试验,每 667 平方米产量 529.3 千克,比对照协优 46 增产 9.6%。2002 年参加江西省晚籼中迟熟优质组区试,平均每 667 平方米产量 405.8 千克,比对照赣晚籼 19 号增产 17.6%,产量居同熟组第一位,达极显著水平。2003 年江西省续试,平均每 667 平方米产量 463.6 千克,比对照赣晚籼 32 号增产 10.4%,达显著水平,产量居同熟组第一位。2002 年,参加浙江省单季稻区试,平均每 667 平方米产量 524.9 千克,比对照汕优 63 增产 8.6%,达显著水平;2003 年续试,比对照汕优 63 增产 3.4%。

栽培要点 ①播种:在江西省作连作晚稻栽培,播种期为 6 月 15~20 日,秧田每 667 平方米播种量 7.5 千克,大田每 667 平方米用种量 0.9 千克。②移栽:移栽时秧龄掌握在 30 天内,6~7 叶期,带蘖 3~5 个,插秧密度一般为 23.1 厘米×19.8 厘米,每 667 平方米插 1.4 万丛左右,落田苗数达 7 万~7.5 万苗。③肥水管理:秧田每 667 平方米施尿素 10 千克,过磷酸钙 20 千克,氯化钾 7.5 千克作基肥。大田增施有机肥,重施基肥,早施追肥,巧施穗肥。每 667 平方米,总施用纯氮量约 10 千克,氮:磷:钾肥施用比例约为 2:1:1。基肥用水稻专用肥,每 667 平方米施 50 千克,后期可根据长势、长相适当使用穗肥。水分管理原则上做到深水返青,浅水促蘖,及时搁田,多次轻搁,浅水养胎,保水养花,湿润灌溉,防止断水过早,防止早衰。④病虫害防治:主要防治螟虫、稻飞虱、卷叶虫。

适宜区域　适宜在浙江、江西作双季晚稻栽培。

22. 中浙优 1 号

品种来源　三系籼型杂交水稻,亲本为中浙 A/航恢 570。由中国水稻研究所选育。

特征特性　生育期较两优培九略迟。株高 115~120 厘米,每 667 平方米有效穗 15 万~16 万穗,成穗率 70% 左右,穗长 25~28 厘米,每穗总粒数 180~300 粒,结实率 85%~90%,千粒重 27~28 克。经农业部稻米质量检测中心检测,整精米率 66.7%,垩白率 12%,垩白度 1.6%,透明度 1 级,直链淀粉 13.9%,胶稠度 75 毫米,主要品质性状达优质米 1~2 级。稻米外观品质好,煮饭时清香四溢,适口性好,饭冷不回生。2002 年浙江省农业科学院植物保护所接种鉴定,对穗瘟病的抗性平均为 3.3 级(最高级 7 级);白叶枯病平均 4.8 级(最高级 8 级)。2 年多点试验均表现出明显的田间抗性。

产量表现　浙江省 8812 项目平均每 667 平方米产量 499.9 千克,与对照汕优 63 产量持平。2002 年,参加浙江省单季稻区试,平均每 667 平方米产量 535.2 千克,比汕优 63 增产 10.7%,达极显著水平。浙江省多点示范点统计,一般平均每 667 平方米产量 500~550 千克,高产田块可达 650 千克。

栽培要点　①适时播种、适龄移栽。单季种植,浙北地区一般要求在 5 月 25 日前,浙中 5 月 25~30 日,浙南 6 月 15 日前播种。山区播种可根据当地实际情况相应提前。秧田每 667 平方米播种量 7.5~10 千克,秧龄控制在 25 天左右。②合理密植。每 667 平方米插 1.2 万~1.5 万丛,密度 30 厘米×16.7 厘米或 26.7 厘米×(20~16.7)厘米,最高苗数控制在 25 万~28 万株。③施足基肥、早施追肥,配合增施磷、钾肥和有机肥,以利于健根壮秆、青秆黄熟。

适应区域　在长江中下游作单季稻,也可作连作晚稻,在广西壮族自治区作连作晚稻。

23. Ⅱ优明 86

品种来源　三系籼型杂交水稻,亲本为Ⅱ-32A/明恢 86。由福建省三明市农业科学研究所选育。

特征特性　全生育期,作中稻为 150.8 天,比汕优 63 迟熟 3.7 天;作双季晚稻为 128~135 天,比汕优 63 迟熟 2 天。株高 100~115 厘米,茎秆粗壮抗倒,株型集散适中,分蘖力中等,后期转色佳。总叶片数 17～18 片,剑叶长 35～38 厘米,每 667 平方米有效穗 16.2 万穗,穗长 25.6 厘米,每穗总粒数 163.6 粒,结实率 81.8%,千粒重 28.2 克。米质主要指标:整精米率 56.2%,垩白率 78.8%,垩白度 18.9%,胶稠度 46 毫米,直链淀粉含量 22.5%。抗性:中感稻瘟病、感白叶枯病,稻瘟病 4.5 级,白叶枯病 8 级,稻飞虱 7 级。

产量表现　1999 年参加全国南方稻区中籼迟熟组区域试验,平均每 667 平方米产量 632.2 千克,比对照汕优 63 增产 8.19%,达极显著水平;2000 年续试,平均每 667 平方米产量 565.4 千克,比汕优 63 增产 3.2%,达极显著;2000 年生产试验,平均每 667 平方米产量 581.2 千克,比汕优 63 增产 3.0%。表现出迟熟、高产、适应性较广的特性。

栽培要点　①稀播育壮秧,秧龄控制在 35 天以内。②合理密植,插足基本苗。插植密度 20.0 厘米×23.3 厘米,每丛插 2 粒谷秧,每 667 平方米插足 2.9 万基本苗。③力争早插早管,施足基肥,早施分蘖肥,兼顾穗肥。④其他栽培措施可参照汕优 63。

适宜区域　适宜在长江流域的贵州、云南、四川、重庆、湖南、湖北、浙江、安徽、江苏等省、直辖市,以及上海市种植,也可在河南省南部、陕西汉中地区作一季中稻种植。

24. 特优航 1 号

品种来源　三系籼型杂交水稻,亲本为龙特甫 A/航 1 号。由福建省农业科学院选育。

特征特性 在长江上游作一季中稻种植时,全生育期平均 150.5 天,比对照汕优 63 早熟 2.6 天。株型适中,分蘖较弱,株高 112.7 厘米,每 667 平方米有效穗数 15.7 万穗,穗长 24.4 厘米,每穗总粒数 166.1 粒,结实率 83.9%,千粒重 28.4 克。米质主要指标:整精米率 63.5%,长宽比 2.4:1,垩白率 83%,垩白度 16.2%,胶稠度 62 毫米,直链淀粉含量 20.7%。抗性:穗瘟病平均 8 级,最高 9 级;白叶枯病 5 级;褐飞虱 9 级。

产量表现 2002 年,参加长江上游中籼迟熟高产组区域试验,平均每 667 平方米产量 579.3 千克,比对照汕优 63 增产 6.0%(达极显著水平);2003 年续试,平均每 667 平方米产量 602.7 千克,比对照汕优 63 增产 5.0%(达极显著水平);2 年区域试验,平均每 667 平方米产量 591.7 千克,比对照汕优 63 增产 5.5%。2004 年生产试验,平均每 667 平方米产量 573.3 千克,比对照汕优 63 增产 10.2%。

栽培要点 ①育秧:适时播种,秧田每 667 平方米播种量 15 千克左右,大田每 667 平方米用种量 1.0~1.5 千克。②移栽:秧龄 25~30 天移栽,栽插密度 28 厘米×16~20 厘米,每丛栽插 2 粒谷苗。③肥水管理:大田每 667 平方米,施纯氮 12~15 千克、五氧化二磷 6~8 千克、氧化钾 7~8 千克。氮肥 50% 作基肥,40% 作分蘖肥,10% 作穗肥。在水浆管理上,做到够苗轻搁,湿润稳长,后期重视养老根,忌断水过早。④病虫害防治:注意及时防治穗瘟病、稻飞虱等病害虫。

适宜区域　适宜在福建、江西、湖南、湖北、安徽、浙江、江苏省的长江流域,以及河南南部的白叶枯病轻发区作一季中稻种植。

25. Ⅱ优航1号

品种来源　三系籼型杂交水稻,亲本为Ⅱ-32A/航1号。由福建省农业科学院选育。

特征特性　在长江中下游作一季中稻种植时,全生育期平均为135.8天,比对照汕优63迟熟2.7天。株高127.5厘米,株型适中,茎秆粗壮,分蘖较强,长势繁茂,剑叶长而宽。每667平方米有效穗数16.6万穗,穗长26.2厘米,每穗总粒数165.4粒,结实率77.9%,千粒重27.8克。米质主要指标:整精米率64.7%,长宽比2.5,垩白率52%,垩白度12.4%,胶稠度70毫米,直链淀粉含量21.3%。抗病虫性:稻瘟病平均3.6级,最高级5级;白叶枯病7级;褐飞虱9级。

产量表现　2003年参加长江中下游中籼迟熟高产组区域试验,平均每667平方米产量505.3千克,比对照汕优63增产2.8%(达极显著水平);2004年续试,平均每667平方米产量606.0千克,比对照汕优63增产7.5%(达极显著水平);2年区域试验,平均每667平方米产量555.6千克,比对照汕优63增产5.1%。2004年生产试验,平均每667平方米产量563.3千克,比对照汕优63增产14.5%。

栽培要点　①育秧:适时播种,适当稀播,秧田每667平方米播种量12千克左右,大田每667平方米用种量

1.0~1.5千克。②移栽:秧龄25~30天移栽,适宜栽插密度28厘米×16~20厘米;每丛栽插2粒谷苗。③肥水管理:每667平方米施纯氮10千克、五氧化二磷7千克、氧化钾10千克;氮肥中基肥占50%~60%,追肥占30%~40%,穗肥占10%。栽插后5天左右,结合一次追肥进行化学除草,施穗肥在幼穗分化2~3期时进行。水浆管理上,做到薄水浅插,够苗轻搁,湿润稳长,孕穗期开始复水,后期干湿壮籽。④病虫害防治:注意及时防治白叶枯病、稻瘟病、褐飞虱等病虫害。

适宜区域 适宜在长江流域的福建、江西、湖南、湖北、安徽、浙江、江苏等省稻区(武陵山区除外),以及河南省南部的白叶枯病轻发区,作一季中稻种植。

26. Ⅱ优7954

品种来源 三系籼型杂交水稻,亲本为Ⅱ-32A/浙恢7954。浙江省农业科学院选育。

特征特性 在长江中下游作一季中稻种植全生育期平均136.3天,比对照汕优63迟熟3天。株高118.9厘米,株型适中,群体整齐,叶色浓绿,长势繁茂,熟期转色中等。每667平方米有效穗数15.7万穗,穗长23.9厘米,每穗总粒数174.1粒,结实率78.3%,千粒重27.3克。米质主要指标:整精米率64.9%,长宽比2.3,垩白率47%,垩白度9.3%,胶稠度47毫米,直链淀粉含量25.2%。抗病虫性:稻瘟病7级,白叶枯病5级,褐飞虱9级。

产量表现 2002年参加长江中下游中籼迟熟高产组区域试验,平均每667平方米产量615.2千克,比对照汕优 63 增产 11.0%（达极显著水平）；2003 年续试，平均每 667 平方米产量 526.6 千克，比对照汕优 63 增产 7.1%（达极显著水平）；2 年区域试验，平均每 667 平方米产量 567.8 千克，比对照汕优 63 增产 9.0%。2003 年生产试验，平均每 667 平方米产量 514.9 千克，比对照汕优 63 增产 9.1%。

栽培要点　①培育壮秧：根据当地种植习惯与汕优 63 同期播种，每 667 平方米播种量 7~8 千克，秧龄 25~30 天。②移栽：栽插密度为 1.2~1.5 万丛/667 米^2，规格 26 厘米×20~16 厘米，每丛栽 2 粒谷苗，每 667 平方米落地苗 6 万~8 万。③肥水管理：基肥和分蘖肥占 80% 以上，适当施用穗粒肥，氮、磷、钾肥比例为 1:0.5:0.8。水浆管理要做到浅水勤灌促分蘖，后期干湿交替防早衰。④防治病虫：注意防治稻瘟病和白叶枯病。

适宜区域　适宜在长江流域的福建、江西、湖南、湖北、安徽、浙江、江苏等省（武陵山区除外），以及河南省南部稻瘟病轻发区作一季中稻种植。

27. 两优培九

品种来源　两系中籼杂交稻，亲本为培矮 64S/9311。由江苏省农业科学院选育。

特征特性　属迟熟中籼两系杂交稻。在南方稻区种植时，平均生育期为 150 天，比汕优 63 长 3~4 天。株高 110~120 厘米，株型紧凑，株叶形态好，分蘖力强，每 667 平方米最高茎蘖数可达 30 万以上。总叶片 16~17 片，叶较小而挺，顶三叶挺举，剑叶出于穗上，叶色较深但后期转色好。中后期耐寒性一般,后期遇低温结实率偏低。颖花尖稍带紫色,成熟后橙黄。穗长 22.8 厘米,每穗总颖花 160～200 个,结实率 76%～86%,千粒重 26.2 克。米质主要指标:整精米率 53.6%,垩白率 35%,垩白度 4.3%,胶稠度 68.8 毫米,直链淀粉含量 21.2%,米质优良。中感白叶枯病,感稻瘟病,抗倒性强。

产量表现　在国家南方稻区生产试验中,平均每 667 平方米产量 525.8～576.9 千克,与对照汕优 63 相近。在江苏省生产试验中,平均每 667 平方米产量 625.5 千克。

栽培要点　①适时播种。淮北地区宜在 4 月 20～25 日播种,移栽期不超过 6 月 10 日;江淮之间地区 5 月 1 日前后播种,6 月 10～15 日移栽;江南地区 5 月 5～10 日播种,6 月 15 日前后移栽。②培育多蘖壮秧:秧龄在 30～35 天的,秧田每 667 平方米播种量 8～10 千克;秧龄在 40 天以上的,秧田每 667 平方米播种量 7～8 千克。③合理密植:每 667 平方米栽插 1.5 万～1.8 万穴,以 26～30 厘米×15 厘米较好,单株栽插,茎蘖高峰不超过 25 万,成穗 15 万～17 万穗/667 米²。④在施足基、面肥的前提下,早施分蘖肥,达到前期早发稳长,但促花肥和粒肥要重施,尤其要注意磷、钾肥的施用。中等肥力稻田,每 667 平方米施总氮量 17～18 千克,肥沃的稻田施 15 千克左右,前中期总量与后期总量比例为 7:3 或 6。保持干干湿湿,不要长期灌水;收获前 5～7 天才能断水,否则严重影响结实灌浆和米质。如遇低温,应预先灌水保护。⑥病虫害防治:注意防治白叶枯、稻曲病、三化螟等病虫害。

适宜区域　适宜在贵州、云南、四川、湖南、湖北、江西、安徽、江苏、浙江、福建、广西、广东、海南、河南、陕西等省、自治区种植。

28. Ⅲ优98

品种来源　三系粳型杂交稻,亲本为 MH2003A/R-18。由安徽省农业科学院水稻研究所、中国种子集团公司和日本三井化学株式会社共同选育。

特征特性　在黄淮地区种植,全生育期为160.4天,比对照豫粳6号晚熟3.9天。株高120.3厘米,穗长23.1厘米,每穗总粒数152.1粒,结实率75%,千粒重23.7克。米质主要指标:整精米率66.1%,垩白率14.5%,垩白度2.8%,胶稠度82毫米,直链淀粉含量15.9%,达到国家《优质稻谷》标准2级。抗稻瘟病,中抗白叶枯病,田间纹枯病和稻曲病较轻。

产量表现　2003年,参加豫粳6号组品种区域试验,平均每667平方米产量485.1千克,比对照豫粳6号增产5.2%(达极显著水平)。2004年续试,平均每667平方米产量536.7千克,比对照豫粳6号增产2.6%(达极显著水平)。2年区域试验,平均每667平方米产量513.8千克,比对照豫粳6号增产3.7%。2005年生产试验,平均每667平方米产量548.1千克,比对照豫粳6号增产9.2%。

栽培要点　①育秧:在黄淮麦茬稻区,根据当地生产情况适时播种,湿润育秧栽培的,每667平方米播种量控制在12.5千克以内;旱育秧苗床播量不超过25千克/667

米²;大田每 667 平方米用种量一般 1.5 千克。②移栽:秧龄 30 天左右移栽,株行距 25.0～30.0 厘米×13.3～16.7厘米,每 667 平方米栽 1.5 万～1.8 万丛,每 667 平方米落地苗 6 万～8 万苗。③肥水管理:高产田块,每 667 平方米施纯氮 15 千克,其中基肥占 70%,分蘖肥占 15%,穗肥占 15%,提倡增施有机肥,氮、磷、钾肥配合施用。水浆管理上采用浅水栽秧,适时烤田,后期田间保持干干湿湿,在收割前 1 周断水。④病虫害防治:注意对恶苗病、稻曲病、二化螟、三化螟、稻纵卷叶螟的防治,以及对草害的防除,注意防治白叶枯病和稻曲病。

适宜区域 适宜在安徽、江苏、河南和湖北等省作一季中稻栽培,也适宜在沿江地区作晚稻栽培。

二、2006 年认定的 21 个超级稻品种

1. 天优 122

品种来源 三系籼型杂交稻组合,亲本为天丰 A/广恢 122。由广东省农业科学院水稻研究所选育。

特征特性 感温型三系杂交稻组合。在广东早稻全生育期 124～125 天,分别比优优 4480、华优 8830 迟熟 5 天和 3 天。株高 98.8～101.3 厘米,分蘖力较强,株型集散适中,叶片较长而阔,剑叶直,后期熟色好。穗长 21.1厘米,每穗总粒数 125～135 粒,结实率 81.0%～86.0%,千粒重 25.6～26.3 克。稻米外观品质鉴定:早稻为 1～2级,整精米率 34.6%～45.4%,垩白率 5%～15%,垩白度

0.5%~3.8%,直链淀粉含量18.7%~19.1%,胶稠度54~85毫米,长宽比3.0~3.1:1。高抗稻瘟病,全群抗性频率95.0%,对中C群、中B群的抗性频率分别为95.3%和90%,田间稻瘟病发生轻微。中抗白叶枯病,对C4菌群和C5菌群均表现中抗。抗倒力较弱。

产量表现　2003~2004年2年中早稻参加广东省区域试验,平均每667平方米产量分别为482.5千克和525.6千克;2003年比对照组合优优4480增产12.5%,增产极显著;2004年比对照组合华优8830增产7.8%,增产不显著。2004年早稻生产试验,平均每667平方米产量491.6千克。

栽培要点　①适时播种,培育壮秧,早、晚稻播种期分别在3月上旬和7月上旬前,一般每667平方米秧田播种量7.5~10.0千克。②早稻秧龄一般30天左右,晚稻一般18~20天。一般每667平方米插1.8万~2万丛,基本苗4万左右;抛秧一般要求不少于1.8万丛,基本苗4万~5万。③施足基肥,早施追肥,做到有机肥和化肥配合施用,保证单位面积既有足够的穗数和粒数,又能使籽粒饱满,结实率高。在中等以上肥力水平的田块种植,每667平方米施氮量以10~12千克为宜,配施适量磷、钾肥。氮、磷、钾肥用量比例为1.0:0.8:1.5。幼穗分化前的前期肥应占全期总施肥量的70%左右,其中包括基肥、促蘖肥和壮蘖肥。中期巧施穗肥,以氮、钾配合施用,一般情况下,每公顷施用复合肥150千克。后期看苗、看田巧施粒肥。④水分管理上,实行"浅、露、活、晒"相结合的管理方法,浅水促分蘖,苗数达到计划苗数的80%时,排水晒田,控制无效分蘖。孕穗期保持田间湿润,浅水扬花。灌浆至黄熟期保持田间湿润,维持后期根系活力,切忌断水过早。在收割前5~7天断水,以免影响稻穗基部充实,提高整精米率。⑤根据当地病虫预测预报,采取以防为主、综合防治的策略,及时做好三化螟、稻纵卷叶螟、稻瘿蚊、稻蓟马、纹枯病、白叶枯病和稻瘟病等病虫害的防治工作。苗期要注意防治稻蓟马,分蘖成穗期注意防治螟虫、稻纵卷叶螟和稻飞虱;后期注意防倒伏。

适宜区域 适宜在广东省各地早、晚稻种植,栽培上要注意防倒伏。

2. 一丰8号

品种来源 三系籼型杂交稻组合,亲本为K22A/蜀恢527。由四川省农科院水稻高等所选育。

特征特性 全生育期150天,与对照汕优63相当。该组合株型较紧散适中,叶鞘、叶缘和株头均为紫色,分蘖力中等,穗大粒多、粒大。株高114厘米左右,穗长24~25厘米,每667平方米有效穗数17万~18万穗,结实率80%以上,千粒重31~32克,后期转色好,落粒性适中。稻米品质综合评分65分,与对照相当。抗性:叶瘟4.9级,颈瘟4.7级,明显优于对照。

产量表现 2002年四川省区域试验(中籼迟熟C组),汇总平均每667平方米产量557.9千克,比对照汕优63增产6.6%,达极显著水平,居第二位。2003年四川省区试(A组),各个点均增产,其中80%的试点比对照增产在 6.0%～12.9%。汇总平均每 667 平方米产量 567.9 千克,比对照汕优 63 增产 7.4%,达极显著水平。2 年平均每 667 平方米产量 562.6 千克,比对照汕优 63 增产 7.06%,居第一位。不同生态区 6 试点生产试验,每 667 平方米产量 585.2 千克,比对照汕优 63 增产 8.9%。2004 年在四川省示范,每 667 平方米产量 580～600 千克,在汉源县 6.7 公顷示范片经专家验收,每 667 平方米产量高达 917 千克。

栽培要点 ①适时播种,培育壮秧,每 667 平方米用种量 1.25 万～1.5 千克。②栽插密度,每 667 平方米栽 1.2～1.5 万丛,每穴栽 2 粒谷秧苗。③田间管理,重施基肥,早施追肥,氮、磷、钾配合施肥,一般每 667 平方米施 8～10 千克纯氮、20 千克过磷酸钙、5 千克钾肥作基肥,栽后 7 天施 3 千克纯氮作追肥。④及时防治病虫害。

适宜区域 适宜在四川省单季稻区种植。

3. 金优 527

品种来源 三系籼型杂交稻,亲本为金 23A/蜀恢 527。由四川农业大学水稻研究所和四川农业大学高科农业有限责任公司选育。

特征特性 在长江上游作一季中稻种植,全生育期平均 151.2 天,比汕优 63 早熟 1.4 天。株高 111.5 厘米,叶色浓绿,耐寒性较弱,成熟期转色好。每 667 平方米有效穗数 16.5 万穗,穗长 25.7 厘米,每穗总粒数 161.7 粒,结实率 80.9%,千粒重 29.5 克。抗性:稻瘟病 9 级,白叶枯病 5 级,褐飞虱 7 级。米质主要指标:整精米率 58.9%,

长宽比 3.2∶1,垩白率 17%,垩白度 2.9%,胶稠度 62 毫米,直链淀粉含量 23.3%。

产量表现 2002 年,参加长江上游中籼迟熟优质组区域试验,平均每 667 平方米产量 589.9 千克,比对照汕优 63 增产 8.97%(达极显著水平);2003 年续试,平均每 667 平方米产量 625.9 千克,比对照汕优 63 增产 8.62%(达极显著水平);2 年区域试验,平均每 667 平方米产量 609.0 千克,比对照汕优 63 增产 8.78%。2003 年生产试验,平均每 667 平方米产量 579.0 千克,比对照汕优 63 增产 5.63%。

栽培要点 ①根据当地种植习惯播种期与汕优 63 相同,每 667 平方米秧田播种量 10 千克。②移栽:秧龄控制在 40~45 天,每 667 平方米栽落地苗 11 万~13 万。③肥水管理:每 667 平方米施纯氮 10~12 千克,重施基肥、早施追肥,增施磷、钾肥。④水浆管理要做到干湿交替,后期不可脱水过早。⑤防治病虫上要特别注意防治稻瘟病,注意防治白叶枯病。

适宜区域 适宜在云南省、贵州省、重庆市中低海拔稻区(武陵山区除外),四川省平坝稻区和陕西省南部稻瘟病轻发区作一季中稻区种植。

4. D优202

品种来源 三系籼型杂交稻组合,亲本为 D62A/蜀恢 202。由四川农业大学水稻研究所选育。

特性特性 全生育期 144 天左右,比汕优 63 长 4~5 天。该组合株高 120 厘米,株型分散适中,生长繁茂,叶色

深绿,分蘖力较强。每穗总粒数 160 粒左右,结实率 80%
左右,千粒重 29 克,米质达部颁 3 级食用稻品种品质标
准。中感白叶枯病和稻瘟病。

产量表现　2004～2005 年 2 年参加安徽省中籼区域
试验,平均每 667 平方米产量分别为 635.4 千克和 567.9
千克,比对照汕优 63 分别增产 10.3%(达极显著水平)和
6.3%(显著水平)。2005 年生产试验,平均每 667 平方米
产量为 563.0 千克,比对照汕优 63 增产 8.0%。一般每
667 平方米产量 550 千克。

栽培要点　①适时播种,作一季稻栽培,一般 4 月底
至 5 月初播种,根据当地种植习惯可与特优 63 同期播种,
秧龄 30 天左右。②栽植密度为每 667 平方米 1.67 万丛,
20 厘米×20 厘米,每蔸栽 2 粒谷苗。③肥水管理,以基肥
和前期追肥为主,基肥要足,追肥宜早,氮、磷、钾肥配合
施用,一般每 667 平方米需施纯氮 10～12 千克,后期控制
氮肥。前期浅灌,够苗晒田,后期干湿交替。④注意对白
叶枯病和稻瘟病等病虫害的防治。

适宜区域　适合在四川、安徽等省一季稻白叶枯病
和稻瘟病轻发区种植,也可在广西壮族自治区南部稻作
区作早稻,或在高寒山区稻作区作中稻种植。

5. Q优6号

品种来源　三系籼型杂交稻。亲本为 Q2A/R1005。
由重庆市种子公司所选育。

特征特性　在长江上游作一季中稻种植,全生育期
平均 153.7 天,比汕优 63 迟熟 0.8 天。株型紧凑,叶色浓

绿,株高112.6厘米。每667平方米有效穗数16.0万穗,穗长25.1厘米,每穗总粒数176.6粒,结实率77.2%,千粒重29.0克。米质达到国家《优质稻谷》标准3级,主要指标:整精米率65.6%,长宽比3:1,垩白率22%,垩白度3.6%,胶稠度58毫米,直链淀粉含量15.2%。稻瘟病抗性平均6.4级,最高9级,抗性频率75.0%。

产量表现 2004年参加长江上游中籼迟熟组品种区域试验,平均每667平方米产量596.5千克,比对照汕优63增产3.41%(达极显著水平)。2005年续试,平均每667平方米产量600.2千克,比对照汕优63增产7.53%(达极显著水平)。2年区域试验,平均每667平方米产量598.4千克,比对照汕优63增产5.43%。2005年生产试验,平均每667平方米产量556.7千克,比对照汕优63增产9.90%。

栽培要点 ①根据各地中籼生产季节适时早播。②移栽秧龄40天左右,采用宽行窄株栽插,每667平方米栽插1.2万~1.5万丛,每丛栽插2粒谷苗,保证每667平方米落地苗8万苗以上。③肥水管理:中等肥力田每667平方米施纯氮10千克,五氧化二磷6千克,氧化钾8千克。磷肥全作基肥;氮肥60%作基肥,30%作追肥,10%作穗粒肥;钾肥60%作基肥,40%作穗粒肥。分蘖肥在移栽后7~10天后施用,穗粒肥在拔节期施用。后期保持湿润,不可过早断水。④做好病虫防治,注意及时防治稻瘟病、纹枯病、稻飞虱、螟虫等病虫害。

适宜区域 适宜在云南省、贵州省、重庆市的中低海拔籼稻区(武陵山区除外)、四川平坝丘陵稻区,以及陕西省南部稻区的稻瘟病轻发区作一季中稻区种植。

6. 黔南优 2058

品种来源 三系籼型杂交稻。亲本为 K22A/QN2058。由黔南州农科所水稻研究室选育。

特征特性 在贵州省贵定县试点(海拔 1 006 米)4 月 21 日播种,全生育期为 153 天,比汕优 63 早熟 3 天。株高 109 厘米,穗粒数 112 粒,结实率 90.5%,千粒重 32.1 克。该品种株、叶型好,剑叶直立,呈"叶下穗"形态。分蘖力强,成穗率 69.3%,抽穗整齐,后期熟色好。整精米率 47%,垩白率 72%,垩白度 13%,直链淀粉含量 21.6%,胶稠度 52 毫米,粒型长宽比 2.8:1。中感稻瘟病,抗寒性、耐冷性强。在 2002 年贵州历史特重级秋风冷害年中,表现抗寒性突出,每 667 平方米产量仍达 493 千克,比相邻对照 K 优 5 号增产 53.5%。

产量表现 2004～2006 年在贵州、四川、云南三省的试验示范中,表现高产、优质、抗性强、适应性广,具有超高产生产潜力。2006 年黔南优 2058 在贵州省黔东南苗族侗族自治州天柱县开展超高产试验示范,验收每 667 平方米产量达 870.5 千克。从海拔 254 米(铜仁市)至 1 300 米(兴义市)8 个参试点的产量表现来看,除兴义市和思南县 2 试点比汕优 63 略有减产外,其余 6 试点均表现增产。在贵阳市、遵义市、凯里市、贵定县、铜仁市、关岭布依族苗族自治县试点,均比对照汕优 63 增产,增产幅度在 0.42%～20.3% 之间。

栽培要点 在黔东南地区作一季中稻栽培,在 3 月下旬至 4 月上旬播种为宜,旱育秧每平方米 40 克干种子,4 月底至 5 月初栽秧,油菜田在 5 月中旬栽秧。栽插秧苗要求中苗秧每丛插 2 粒谷多蘖壮秧,茎蘖苗均要求达到 7 万～8 万株/667 米²,采用宽窄行或宽行窄株栽插。上等肥力田插 1.33 万丛/667 米²,中等肥力田插 1.5 万丛/667 米²。插秧行为东西走向,栽后下田逐行检查,浮秧、缺窝及时补齐,插得过深的拔浅,保证密度。每 667 平方米施氮量 12 千克,秧苗栽后保持水层,分蘖期浅水与湿润结合,够苗数时进行晒田,控制苗峰和提高成穗率。抽穗扬花期保持一定浅水层,灌浆结实期间歇灌溉,以水调气,以水养根,保持生育期根系活力和满足灌浆期的水分需求,防止早衰。避免断水过早,促进籽粒充实饱满和提高品质。黄熟期排水落干。

适宜区域 适宜在四川、重庆、广西、云南、贵州等省、自治区、市的中低海拔地区作中稻栽培。

7. Y优1号

品种来源 广适性超级杂交稻新组合。由湖南杂交水稻研究中心选育。

特征特性 平均株高 119.5 厘米,穗长 28 厘米左右,株叶形态好,作单季中稻栽培全生育期 140 天左右,主茎平均叶片数为 16.5 片,比两优培九短 3～5 天。作一季稻加再生稻栽培,头季稻生育期 150 天,再生稻生育期 60 天,两季相加全生育期 210 天左右。茎秆粗壮,分蘖力强,抗倒力较强,再生产量高,后期落色好,结实率稳定,脱粒性良好。

产量表现　湖南省浏阳市一季稻加再生稻 6.7 公顷示范片,经湖南省超级稻办公室组织省内专家验收,6.7 公顷示范片头季稻,每 667 平方米产量达 798.0 千克;再生稻通过高桩撩穗收割,充分发挥多穗优势,加强后期管理,再生稻每 667 平方米产量达 353.5 千克,双季栽培每 667 平方米产量达 1 151.5 千克。

栽培要点(一季稻加再生稻)　①适时早播,培育壮秧,大田用种 1.25 千克/667 米² 左右,秧田播种量 15 千克/667 米² 左右。头季稻应于 3 月中下旬适时早播,采用旱育秧,起拱盖膜保温,齐苗后要抓好通风炼苗。②秧龄 30 天、叶龄 5 叶左右移栽,插植规格 23.3 厘米×23.3 厘米或宽窄行 20 厘米×(20+33.3)厘米,推荐用宽窄行,每 667 平方米插足落地苗 6 万~8 万。头季稻移栽后采取浅水分蘖,厢式半旱式管理,够苗晒田,有水抽穗,后期干湿交替。齐穗后 18~20 天,每 667 平方米追施 8 千克尿素作促芽肥,收割前 3~5 天脱水。重点做好螟虫和纹枯病的防治,使头季稻收割时根健叶绿,保持良好的再生机能。③适时高桩收割,在头季稻九成熟时收割,采用撩穗收割方法,留桩高度以留住倒二芽节,在倒二节以上 3~5 厘米处割断为宜,其高度一般在 40~45 厘米之间。④加强再生稻管理。头季收割后,及时清除杂草、残叶,并灌水保持田间浅水层。收割后 3~5 天,每 667 平方米追施尿素、钾肥各 10 千克促进再生苗生长。实行半旱式水分管理,头季收割后 10 天内应保持田间湿润,再生稻抽穗扬花期田面保持浅水,齐穗后保持湿润。用好调节剂,再生稻齐穗后每 667 平方米用磷酸二氢钾 200 克对水 50 升喷施,10 天后再喷 1 次。在抽穗达 40% 以上时,每 667 平方米用谷粒饱 1~1.5 包对水 30 升叶面喷施。认真抓好病虫防治,主要抓好头季收割后 3~5 天,对稻飞虱、纹枯病的防治工作。

适宜区域 在长江中下游及华南稻区作一季中稻或一季稻加再生稻栽培。

8. 株两优 819

品种来源 两系杂交稻组合,属中熟早籼。亲本为株 1S/华 819。由湖南亚华种业科学研究院选育。

特征特性 该品种在湖南省作双季早稻栽培,全生育期 106 天左右。株高 82 厘米左右,株型紧散适中。茎秆中粗,长势旺,分蘖力强,成穗率高,抽穗整齐,成熟落色好。籽粒饱满,稃尖无色、无芒。湖南省早稻区域试验,每 667 平方米有效穗 23.6 万穗,每穗总粒数 109.6 粒,结实率约 79.8%,千粒重约 24.7 克。抗性鉴定:叶瘟 5 级,穗瘟 5 级,感稻瘟病;白叶枯病 5 级。

产量表现 2003 年湖南省区早稻试验,平均每 667 平方米产量 461.2 千克,比对照(湘早籼 13 号,下同)增产 9.4%,增产极显著;2004 年续试,平均每 667 平方米产量 479.7 千克,比对照增产 10.7%,增产极显著;2 年区试,平均每 667 平方米产量 470.5 千克,比对照增产 10.06%。

栽培要点 ①旱育秧 3 月 15~20 日播种,水育秧 3 月底播种。每 667 平方米秧田播种量 15 千克,大田用种量 2～2.5 千克。采用强氯精浸种,播种时每千克种子拌 2 克多效唑。②软盘旱育秧,3.5～4 叶期抛栽,水育小苗秧 4.1～5 叶期移栽。种植密度为 20 厘米×16.7 厘米(或每平方米抛栽 28 丛),每丛插 2～3 苗。③施肥水平中等。够苗及时晒田。④坚持及时施药防治二化螟、稻纵卷叶螟、稻飞虱和纹枯病等病虫害。

适宜区域　适宜在湖南省稻瘟病轻发区作双季早稻种植。

9. 两优 287

品种来源　感温型两系杂交水稻,亲本为 HD9802S (湖大 51/红辐早)/R287(鄂早 17×桂农 07P6)。由湖北大学生命科学学院选育。

特征特性　该品种在桂中、桂北作早稻种植时,全生育期 107 天左右,比对照金优 463 早熟 1～2 天。株型紧凑,分蘖较弱,叶色浓绿,叶姿挺直。株高 97.7 厘米,穗长 20.5 厘米,每 667 平方米有效穗数 17.6 万,每穗总粒数 141.4 粒,结实率 80.5%,千粒重 24.1 克,谷粒长 10.4 毫米,长宽比 3.7:1。米质优,糙米率 81.3%,整精米率 61.2%,长宽比 3.3:1,垩白率 12%,垩白度 1.8%,胶稠度 62 毫米,直链淀粉含量 20.2%。人工接种抗性:苗叶瘟 4 级,穗瘟 6 级,穗瘟损失率 30%,综合抗性指数 6.0,稻瘟病的抗性评价为中感;白叶枯病 9 级。抗倒性较强。

产量表现　2004 年参加桂中、桂北稻作区早稻早熟组筛选试验,4 个试点平均每 667 平方米产量 474.2 千克,比对照金优 463 增产 2.0%。2005 年早稻区域试验,4 个试点平均每 667 平方米产量 453.6 千克,比对照金优 463 减产 1.2%(不显著水平)。2005 年生产试验,平均每 667 平方米产量 396.0 千克,比对照金优 463 减产 2.1%。

栽培要点 ①适时播种,培育多蘗壮秧:早稻 3 月中下旬至 4 月初播种,晚稻 7 月上旬播种。每 667 平方米大田用种量 1.5~2.0 千克,插植叶龄 4~5 叶期,抛秧叶龄 3~4 叶期。②合理密植:插植规格 20 厘米×16.7 厘米,每丛插 2 苗,每 667 平方米落地苗 8 万丛,或每 667 平方米抛秧 2.2 万丛。③肥水管理:适宜中等以上施肥水平栽培,施足基肥,早施重分蘗肥,促进分蘗早生快发,后期酌情施好穗肥。插后 20 天内保持浅水层,往后干湿交替至成熟。④病虫害防治:注意防治稻瘟病和白叶枯病等病虫害。

适宜区域 适宜在桂中、桂北稻作区作早、晚稻种植,但应特别注意防治稻瘟病和白叶枯病。

10. 培杂泰丰

品种来源 两系籼型杂交水稻,亲本为培矮 64S/泰丰占。由华南农业大学选育。

特征特性 该品种在华南作早稻种植,全生育期平均为 125.8 天,比对照粤香占迟熟 2.5 天。株高 107.7 厘米,株型适中,叶色浓绿,分蘗力强,后期转色好。每 667 平方米有效穗 18.4 万穗,穗长 23.3 厘米,每穗总粒数 176.0 粒,结实率 80.1%,千粒重 21.2 克。米质主要指标:整精米率 64.1%,长宽比 3.4:1,垩白率 26%,垩白度 7.6%,胶稠度 75 毫米,直链淀粉含量 21.4%。抗性:感稻瘟病,高感白叶枯病,稻瘟病抗性平均4.9级,最高7级;白叶枯病抗性9级。

产量表现　2003年参加华南地区早籼优质组区域试验,平均每667平方米产量509.4千克,比对照粤香占增产2.1%(达极显著水平)。2004年续试,平均每667平方米产量554.6千克,比对照粤香占增产4.5%(达极显著水平)。2年区域试验,平均每667平方米产量532.0千克,比对照粤香占增产3.3%。2004年生产试验,平均每667平方米产量509.5千克,比对照粤香占增产3.1%。

栽培要点　①根据当地生产情况适时播种,稀播匀播培育壮秧。②适当稀植,每667平方米栽插1.3万~1.5万穴,每穴栽1~2粒谷苗。抛秧每667平方米30盘左右。③肥水管理。施足基肥,早施重施追肥,适施促花肥和保花肥。在水浆管理上,做到适时排水晒田。④及时防治稻瘟病、白叶枯病等病虫害。

适宜区域　适宜在海南省、广西壮族自治区中南部、广东省中南部和福建省南部稻瘟病、白叶枯病轻发的双季稻区,作早稻种植。

11. 新两优6号

品种来源　两系籼型杂交稻,亲本为新安S/安选6号。由安徽荃银禾丰种业有限公司选育。

特征特性　在长江中下游作一季中稻种植,全生育期平均130.1天,比对照Ⅱ优838早熟3天。株型适中,在苗期生长繁茂,分蘖力强,株型紧凑,叶色深绿,剑叶挺直,株叶形态好,后期熟相好,落色好,籽粒饱满。作一季中稻栽培,株高 120 厘米左右,穗型大,穗长 25 厘米左右,每穗总粒数 190~210 粒,结实率 85% 左右,千粒重 28 克左右,属穗粒并重型品种。抗倒力强、高肥高产。米质晶莹透亮,粒型长,品质好,口味佳。抗性鉴定:平均叶瘟2.7 级,穗瘟 7 级,白叶枯病 5 级,褐稻虱 9 级。

产量表现 2005 年参加长江中下游中籼迟熟组品种区域试验,平均每 667 平方米产量 564.3 千克,比对照 Ⅱ 优 838 增产 6.2%(达极显著水平);2006 年续试,平均每 667 平方米产量 580.5 千克,比对照 Ⅱ 优 838 增产 5.3%(达极显著水平);2 年区域试验,平均每 667 平方米产量572.4 千克,比对照 Ⅱ 优 838 增产 5.7%。2006 年生产试验,平均每 667 平方米产量 549.7 千克,比对照 Ⅱ 优 838 增产 3.3%。

栽培要点 ①适时播种,秧田每 667 平方米播种量10 千克,大田每 667 平方米用种量 1 千克,稀播、匀播,培育壮秧。②秧龄 30~35 天移栽,合理密植,每 667 平方米栽插 1.5 万~1.7 万穴,每穴栽插 1~2 苗。③肥水管理,施足基肥,早施分蘖肥,适施穗肥。大田每 667 平方米施纯氮 10~13 千克,氮、磷、钾肥比例为 1:0.6:1。磷肥和70% 钾肥用作基肥;30% 钾肥作保花肥。氮肥按 5:2:2:1比例分别作基肥、分蘖肥、促花肥、保花肥。浅水栽秧、深水活棵、干干湿湿促分蘖,80% 够苗搁田,扬花期保持浅水层,后期切忌断水过早。④及时防治稻瘟病、稻曲病等病虫害。

适宜区域 适宜在长江流域稻区的江西、湖南、湖北、安徽、浙江、江苏等省(武陵山区除外),以及福建省北部、河南省南部稻区的稻瘟病轻发区,作一季中稻种植。

12. 甬优 6 号

品种来源 籼粳型杂交稻,亲本为甬粳 2 号 A//K2001/K4806。由浙江省宁波市农业科学院选育。

特征特性 感光性强,属迟熟晚稻,生育期长,在宁波作单季稻栽培,全生期为 155～160 天,主茎叶片 17～18 片。作连作晚稻栽培时,全生育期 138 天左右,主茎叶片 15～16 片。生育期随播期推迟和纬度递减而缩短。株型高大,生物学产量高,株高 136 厘米左右,根系发达,茎秆粗壮,叶鞘厚重,抱握力强,抱握面大,抗倒性强。叶片狭、长、厚、挺,倒三叶叶角小,叶脉粗壮、发达,叶色前深后淡,转色顺畅,熟相极佳。分蘖中等偏弱,穗大粒多。穗长 23～24 厘米,总粒数 320 粒左右,每 667 平方米有效穗 11 万～13 万穗,结实率 85%～90%,千粒重 23～24 克。米质优,米饭口感松软清香。2002 年和 2003 年,2 年米质测定结果表明,整精米率 68.2% 和 64.5%,垩白率 7% 和 12.7%,垩白度均为 1.5%,透明度 1 级和 2 级,胶稠度 58 毫米和 73 毫米,直链淀粉含量 15.1% 和 13%,精米率 2 年平均 72.5%。中抗稻瘟病、白叶枯病。褐飞虱抗性为 9 级,属不抗级别,该品种易发生稻曲病,同时还会感染矮缩病,有些地区发现感染干线虫病。

产量表现 具有超高产潜力。2003 年生产示范试验,平均每 667 平方米产量 633.2 千克,高产田块达 752.7 千克。比协优 9308 增产 23.3%。2005 年 66.7 公顷示范片,平均每 667 平方米产量 604.0 千克。

栽培要点 ①甬优 6 号属感光性品种,早播生长期长,植株高大,不便管理。迟播影响后期灌浆结实,浙江省台州市播种适期为 5 月底 6 月初,作单季稻栽培最迟不要超过 6 月 10 日。秧田每 667 平方米播种量 10 千克。②早栽稀植,秧龄 25 天以内,最好 20 天。移栽密度 28 厘米 × 25 厘米,每 667 平方米插丛数 0.9 万 ~ 1 万丛。③每 667 平方米施纯氮 14 ~ 17 千克,施肥要求重施基肥,早施促蘖肥,中期控制氮肥,必须施保花肥,配施钾肥。全生育期实行浅湿管理,深水护苗,浅水促蘖,有效分蘖终止期及时搁田,中后期薄露灌溉,干干湿湿养稻到老,幼穗分化期适当增加水量。④苗期注意对灰飞虱的防治,预防矮缩病的发生;中后期防治好螟虫、稻纵卷叶螟和飞虱破口。抽穗期做好稻曲病的防治。

适宜区域 适宜在浙江省中南部地区等相近生态稻区内,作单季晚稻种植。

13. 中早 22

品种来源 籼型常规稻,亲本为 Z935/中选 11。由中国水稻研究所选育。

特征特性 属迟熟早籼,全生育期 112 ~ 115 天,比对照嘉育 293 和浙 733 长 2 ~ 4 天。苗期耐寒性较好,株型集散适中,茎秆粗壮,较耐肥抗倒,分蘖力中等,穗大粒多,丰产性好;后期青秆黄熟,株高 92 ~ 95 厘米,茎秆粗壮,耐肥抗倒。每穗总粒数 120 ~ 150 粒,结实率 70% ~ 80%,千粒重 28.0 克。米质适合专用加工要求,整精米率

27.4%,垩白率 86.0%,垩白度 20.2%,直链淀粉含量 24.3%,胶稠度 44 毫米。中抗稻瘟病,抗白叶枯病,纹枯病轻,叶瘟平均级 0 级,穗瘟平均 1.7 级,白叶枯病平均 0.1 级。

产量表现 2001～2002 年参加江西省早稻区域试验,平均每 667 平方米产量 451.2 千克,与早杂对照优 I 402 产量持平。2002 年参加"浙江省优质专用水稻新品种选育与产业化"协作组 6 点联合品比试验,平均每 667 平方米产量 410.5 千克,比对照嘉育 293 增产 5.7%。2002～2003 年参加浙江省衢州市和金华市区域试验,2 年平均每 667 平方米产量分别为 456.8 千克和 428.3 千克,分别比对照嘉育 293 和浙 733 增产 9.02% 和 6.15%,均达极显著水平。2003 年浙江省衢州市生产试验,平均单产 435.0 千克/667 米^2,比对照 1 浙 733 增产 11.5%,比对照嘉育 293 增产 16.0%。

栽培要点 ①适时播种,各地根据当地气候情况及时播种。稀播壮秧,一般每 667 平方米秧田播种量 30～35 千克,用种量为 5～6 千克,秧龄 28～30 天。②合理密植。中早 22 分蘖力中等偏弱,一般提倡适当密植。株行距 20.0 厘米×15.0 厘米,每 667 平方米栽 2.0 万丛,基本苗 8 万～12 万。③施肥施足基肥,早施追肥。基肥以有机肥为主,适当增施磷、钾肥;适施穗肥,提高结实率和千粒重。④分蘖盛期及时晒田控蘖,注意须搁透以控制株高。幼穗分化期灌水防低温;后期采用湿润灌溉,防止断水过早以保证充分结实灌浆。⑤防治病虫害。分蘖期至始穗期要及时防治螟虫的为害;扬花灌浆至成熟期防治纹枯病和飞虱的危害。

适宜区域 该品种适宜长江中下游稻区作早稻种植,但其生育期属早籼迟熟品种,更适宜在浙江省南部和江西省、湖南省种植。

14. 桂 农 占

品种来源 籼型常规稻,亲本为广农占//新澳占/金桂占。由广东省农业科学院水稻所选育。

特征特性 早、中、晚兼用品种。在广东,早稻全生育期约128天,晚稻约为115天,与粳籼89相当。株型结构理想,植株矮壮、挺拔,叶片短、瓦筒状、硬直。茎秆粗壮,茎壁厚实,富有弹性,高度耐肥抗倒。稳产性好、适应性广,容易栽培。株高90.5~95厘米,穗长19.5~20.4厘米,每667平方米有效穗数20.6万~21.2万穗,每穗总粒数121粒,结实率79.7%~86%,千粒重22.3克。米质较优,粒型中长,丝苗型,无心、腹白,饭味浓,口感好。经农业部食品质量监督检验测试中心(武汉)鉴定,糙米率79.5%~81.4%,整精米率61.4%~63.5%,垩白率10%~37%,垩白度1.5%~3.7%,直链淀粉含量25.5%~26.1%,胶稠度30毫米,理化分38~48分。其中,糙米率、整精米率、粒型达国优1级,垩白度达国优3级。外观品质,经广东省粮油产品质量监督检验站鉴定为晚稻2级。稻瘟病全群抗性比为93.3%;2002年,晚稻省区域试验的抗病鉴定结果:稻瘟病全群抗性比为60.6%,其中,中B群为53.8%,中C群为81.8%。稻瘟病自然鉴定,发病较轻,大田抗性表现较强。白叶枯Ⅳ型菌病级为3级(中抗)。

产量表现　2002年晚稻区域试验,在广东省的所有16个区域试验点中,全部比对照种增产,其中9个点列第一名,7个点增产超过15%,最高增产达到42.4%,展示出特好的适应性。具有低肥不低产,高肥更高产的特点。2003～2004年,在2年广东省晚稻区域试验中,均比对照品种极显著增产,2年增产幅度分别为15.6%和7.3%,平均增产11.5%,名列首位。该品种是广东省近年区域试验品种中比对照增产幅度最大的品种。2004年,早稻参加海南省水稻优质香稻组区域试验,平均每667平方米产量541.8千克,比对照特籼占25增产9.4%。2003～2004连续2年,晚稻在广东省新兴县种植6.7公顷连片高产示范田,经专家实割测产验收,每667平方米最高产量826.6千克,平均产量分别为755.4和792.6千克。2003～2004连续2年,晚稻在广东省揭阳市大寮镇种植6.7公顷高产示范片,经专家实割测产验收,每667平方米最高产量787.5千克,平均产量分别为750.2和753.7千克。

栽培要点　①该品种高度耐肥抗倒,分蘖力较强,选择中等或中等肥力以上的地区种植,适时播种,培育壮秧。②合理密植,每667平方米插足8万～10万基本苗。③早施重施促蘖肥,中期注意调控肥水,防止过多的无效分蘖,提高有效穗数。后期要注意保持田土湿润,防止过早断水,以免影响结实饱满。④在稻瘟病严重地区,应注意做好防病治病工作,可在破口期和抽穗期喷施井冈霉素进行稻瘟病防治。栽培上要重视防治稻瘟病和防寒的工作。

适宜区域 适宜在广东省各地作晚稻种植,也可在粤北以外地区作早稻种植。

15. 武粳15

品种来源 粳型常规稻,亲本为早丰9号/春江03//9522。由江苏省常州市武进区稻麦育种场选育。

特征特性 在江苏省种植全生育期156天左右,较武运粳7号短1~2天。株型较紧凑,生长清秀,叶片挺举,叶色淡绿,穗型较大,分蘖性较强,抗倒性较好,株高100厘米左右,后期熟相好,较易落粒。每667平方米有效穗数15万穗左右,每穗实粒数120粒左右,结实率93%左右,千粒重27.5克。米质理化指标达到国标3级优质稻谷标准。接种鉴定显示:抗穗颈瘟和白叶枯病,感纹枯病。

产量表现 2年区试,平均每667平方米产量651.3千克,与对照武运粳7号相当。

栽培要点 ①适期播种,培育壮秧:一般作单季稻,在5月20日前后播种,每667平方米,秧田播种量30千克左右,大田用种量4千克左右,秧田期及时施肥治虫,培育壮秧。②适时移栽,合理密植:秧龄30天左右。每667平方米,大田栽1.5万~2.0万丛,基本苗6万~8万。③科学肥水管理:一般每667平方米施纯氮18千克左右。注意配合施用磷、钾肥,氮、磷、钾肥比以1:0.3:0.5为宜。磷、钾肥以基肥施入,氮肥前、中、后期施用量比例以5.5:

1:3.5 为宜,穗肥在 8 月上中旬施用。移栽后 20 天,总茎蘖数达到 20 万～21 万时,及时搁田,将最高茎蘖数控制在 26 万～28 万。④病虫害防治:播种前,药剂浸种防治恶苗病,秧田期防治好飞虱和稻蓟马,并防止害虫由秧田传入大田。大田活棵后结合促蘖肥用好除草剂,在分蘖盛期和孕穗期,做好纵卷叶螟等害虫的防治工作,破口期防好三化螟和稻瘟病。

适宜区域　适宜江苏省沿江及苏南地区中上等肥力条件下种植。

16. 铁粳 7 号

品种来源　粳型常规稻,亲本为辽粳 207/9419。由辽宁省铁岭市农业科学院选育。

特征特性　在东北、西北晚熟稻区种植,全生育期平均 156.3 天,与对照秋光相当。株高 91.0 厘米,穗长 14.6 厘米,每穗总粒数 109.3 粒,结实率 86.8%,千粒重 25.3 克。米质达到国家《优质稻谷》标准 2 级,主要指标:整精米率 67.7%,垩白率 20%,垩白度 1.9%,胶稠度 74 毫米,直链淀粉含量 16.4%。抗病性:苗瘟 4 级,叶瘟 2 级,穗颈瘟 3 级。

产量表现　2004～2005 年 2 年参加秋光组品种区域试验,每 667 平方米平均产量分别为 628.3 千克和 693.6 千克,比对照品种秋光分别增产 3.1% 和 5.6%,均达极显著水平;2 年区域试验,平均每 667 平方米产 661 千克,比对照秋光增产 4.4%。2006 年生产试验,平均每 667 平方米产量 657.2 千克,比对照秋光增产 4%。

超级稻品种配套栽培技术

栽培要点 ①东北、西北晚熟稻区,可根据当地生产情况,与秋光同期播种,播前浸种消毒。旱育秧播种量每平方米不超过 200 克。②移栽行株距 30 厘米 ×(13.2 ~ 16.5)厘米,每穴栽插 3 ~ 4 苗。③每 667 平方米施纯氮 12 千克左右,磷酸二铵 10 千克,钾肥 10 千克。生育前期以浅水层管理,浅水移栽,浅水缓苗,浅水分蘖。中后期采取浅、湿、干交替灌溉,收获前不宜撤水过早,以保持根系活力,达到活秆成熟。④适时防治稻水象甲、二化螟、稻螟蛉虫及稻曲病。

适宜区域 适宜在吉林省晚熟稻区、辽宁省北部、宁夏引黄灌区、北疆沿天山稻区和南疆地区、陕西榆林地区、河北省北部、山西省太原市小店区和晋源区种植。

17. 吉粳 102

品种来源 粳型常规稻,亲本为 D62A/蜀恢 202。由吉林省农业科学院水稻所选育。

特征特性 属中晚熟品种,在吉林省西部平原区生育期为 136 ~ 138 天。株高 100 厘米,分蘖力较强,属多穗型优质高产品种,株型较收敛,散穗、颖及颖尖黄色。平均穗粒数 120 粒,谷粒长椭圆形,无芒或微芒,结实率 90% 以上,千粒重 23.0 克。稻米晶亮,无垩白或微垩白,米饭口感极佳,气味清香。抗倒伏、耐冷。

产量表现 每 667 平方米产量可达 550 ~ 700 千克。

栽培要点 ①一般 4 月中上旬播种。②5 月中下旬插秧,插秧密度 30 厘米 × 20 厘米。③在中等土壤肥力条件下,每公顷施纯氮量 150 千克左右,五氧化二磷 130 千克左右,氧化钾 130 千克左右。磷肥全部作基肥,钾肥 2/3 作基肥,1/3 作穗肥施入,氮肥分为基肥、蘖肥、穗肥,按比例 2:5:3 施入。④注意防治水稻二化螟、稻瘟病等。

适宜区域 适宜在吉林省西部平原区种植。

18. 松粳 9 号

品种来源 粳型常规稻,亲本为松 93-8/通 306。由黑龙江省农业科学院五常水稻研究所选育。

特征特性 该品种在黑龙江省种植,生育期为 138～140 天,所需活动积温 2 650℃～2 700℃。株型收敛,叶色深绿,活秆成熟,较耐肥抗倒,分蘖力强。株高 100 厘米,穗长 20 厘米,每穗粒数 120 粒左右,千粒重 25 克,米粒细长,稀有芒。米质达到国家部颁 2 级优质米标准,糙米率为 83.8%,精米率 75.4%,整精米率 72.7%。耐冷、抗倒伏、抗稻瘟病能力强。

产量表现 2002～2003 年参加黑龙江省区域试验,平均每 667 平方米产量 531.1 千克,比对照藤系 138 增产 3.4%。2004 年参加黑龙江省生产试验,平均每 667 平方米产量 542.4 千克,比对照藤系 138 增产 6.4%。2004 年在吉林省吉林市 5704 农场 6.7 公顷连片种植,平均每 667 平方米产量 701.3 千克。2005 年,在黑龙江省泰来县平洋镇 6.7 公顷连片种植,平均每 667 平方米产量 735.3 千克。

栽培要点 ①旱育壮秧,适时播种。播期为 4 月 10～15 日,钵体盘育秧播种量,每钵体播芽种 2～4 粒,如机插盘育苗,每盘播芽种 100 克。手插隔离层育秧,每平方米播芽种 250 克。②适时移栽,本田整细耙平,适时插秧,一般在5月15～20日移栽,插秧密度为16～18穴/米²,插秧深度不应超过3厘米。③根据当地土壤肥力条件,因地制宜,增施有机肥,每667平方米施用纯氮10千克,其中基肥占50%,分蘖肥30%,穗肥占20%。④全生育期采用浅湿交替节水灌溉方法。缓苗期寸水灌溉,缓苗后保持浅水灌溉。当茎蘖数达到计划茎数的80%时,开始搁田控制分蘖,提高成穗率,采用2次轻搁。孕穗期不要断水。⑤大田期注意防治稻曲病和二化螟。

适宜区域 适宜在黑龙江省南部第一积温区及吉林省大部分地区种植。

19. 龙粳5号

品种来源 粳型常规稻,亲本为牡丹江22/龙粳8。由黑龙江省农业科学院五常水稻研究所选育。

特征特性 生育期132天,所需活动积温2 530℃左右。株高94厘米,株型收敛,剑叶上举,穗长15.7厘米,棒状穗。分蘖能力强。每穗平均粒数100粒左右,最多可达130粒。米粒偏长,糙米率82%,整精米率68%,垩白度0.5%,直链淀粉含量17%,粗蛋白质7.9%,胶稠度71毫米,长宽比1.7:1。抗冷性强,高抗倒伏,抗稻瘟病和纹枯病。

产量表现 1995～1996年生产试验,10点次平均每667平方米产量494.0千克,较对照东农415增产9.3%,在黑龙江省的主要稻区桦川县、勃利县、方正县、延寿县、宁安市等地大面积种植,每667平方米产量533～566.7千克。

栽培要点 在黑龙江稻区,4月上中旬播种,5月中旬插秧,插秧规格30厘米×13厘米,每穴3株。每667平方米施纯氮8千克,五氧化二磷4.7千克,氧化钾4千克。氮肥以硫酸铵为主。基肥施入氮肥全量的1/3~1/2,全部磷肥及钾肥的一半。其余氮肥及钾肥作追肥。

适应区域 适合在黑龙江省第一、第二积温带种植。

20. 龙粳14号

品种来源 粳型常规稻,以龙粳4号为受体,转导玉米黑301的DNA,从变异株中选育而成。由黑龙江省农业科学院水稻研究所选育。

特征特性 生育期125~130天,需年活动积温2 280℃~2 330℃,与对照品种合江19号相仿。株型收敛,秆强抗倒,分蘖力强。株高89厘米,穗长18.8厘米,每穗粒数93.4粒,不实率低,千粒重26.4克,稀有芒。米质各项指标,均达到国家优质食用稻米2级以上标准。糙米率82.4%,精米率74.1%,整精米率69.6%,垩白率6.0%,垩白度0.4%,胶稠度75.1毫米,直链淀粉含量18.6%,粗蛋白质含量7.4%,米粒清亮透明,长宽比为1.8:1,口感好,食味81.3分。抗稻瘟病和纹枯病,耐寒性强。

产量表现 2002~2004年,2年区域试验,平均每667平方米产量506.8千克,较对照品种合江19增产7.5%。2004年生产试验,平均每667平方米产量485.3千克,较对照品种合江19增产8.7%。

栽培要点 ①该品种适宜旱育稀植插秧栽培,采用塑料大、中棚旱育苗,旱育早插,一般4月15～20日播种。播种量,手插中苗每盘80克湿芽籽,机插盘育每盘100～125克湿芽籽,钵育苗每钵3～4粒。②5月15～25日插秧,插植规格30厘米×13厘米左右,每穴3～4株。③中等肥力地块,每667平方米基肥施尿素6.7千克,磷酸二铵10千克,硫酸钾10千克,硅钙肥25～30千克,结合水耙施入。6月中旬施分蘖肥,每667平方米施尿素5千克,硫酸钾7.5千克,看长势酌情施用穗肥。水层管理采用浅—深—浅常规灌溉,后期采用间歇灌溉,8月末排干,9月下旬当籽粒达到黄熟期及时收获。④注意及时防治病虫害。龙粳14号抗稻瘟病性强,一般不用防治稻瘟病,对于一些施氮量较高地块,以及一些易发病的老稻田区也不能忽视。药剂防治要以做到全面控制叶瘟病为前提,叶、穗瘟兼治,正确诊断,对症下药。

适应区域 适宜在黑龙江省第三积温带种植。

21. 垦粳11号

品种来源 粳型常规稻,亲本为垦92-639/育397。由黑龙江省农垦科学院水稻研究所选育。

特征特性 生育期128天左右,较对照品种合江19晚2天。主茎叶片数11片,苗期叶色较绿,分蘖力较强,株型较收敛。株高86.8厘米,穗长17.3厘米,穗粒数100粒,千粒重26克。米质外观优,食味好,综合指标达到国家2级优质米标准。抗稻瘟病性强。耐冷性好。接种鉴定:苗瘟5～6级,叶瘟5～6级,穗颈瘟3～5级;自然感病:苗瘟4级,叶瘟4～5级,穗颈瘟1～3级。耐冷性鉴定:处理空壳率13.2%～17.7%;自然空壳率5.0%～6.4%。

产量表现　2003～2004年,2年区域试验,平均每667平方米产量538.97千克,较对照合江19增产8.6%。2004年生产试验,平均每667平方米产量532.5千克,较对照合江19增产9.8%。

栽培要点　4月15～25日播种,5月15～25日插秧。适宜旱育稀植插秧栽培,插秧规格30厘米×13厘米,每667平方米折合1.7万丛,每穴3～4株。多施磷、钾肥,水层管理前期浅水灌溉,后期间歇灌溉。

适应区域　适宜在黑龙江省第三积温带种植。

三、2007年认定的12个超级稻品种

1. 宁粳1号

品种来源　常规粳稻,亲本为武运粳8号/W3668。由南京农业大学水稻研究所选育。

特征特性　作单季稻种植,全生育期156天左右,较武运粳7号早1～2天。株高97厘米左右,株型集散适中,生长清秀,叶片挺举,叶色较淡,穗型中等,分蘖性较强。每667平方米有效穗数21万穗左右,每穗实粒数113粒左右,结实率91%左右,千粒重28克左右。后期熟相好,较易落粒。米质理化指标,达到国家3级优质稻谷标准。接种鉴定表现:中抗穗茎瘟,抗白叶枯病,感纹枯病。抗倒性较好。

产量表现 2002～2003年,2年参加江苏省单季稻区域试验,2年平均每667平方米产量639.9千克。2003年在区域试验同时组织生产试验,平均每667平方米产量593.6千克,较对照武运粳7号增产1.8%。

栽培要点 ①适期播种,培育壮秧:一般5月中旬播种,播前用药剂浸种,防治条纹叶枯病、恶苗病。秧田每667平方米播种量25～30千克。秧田应施足基肥,早施断奶肥,增施接力肥,培育适龄带蘖壮秧。麦套稻、旱直播大田极易自生"红米"杂稻,采用浅旋耕、水直播、抛秧种植的田块也有少量发生,应坚持深耕10厘米以上,可有效预防杂稻。②适时移栽,合理密植:一般6月中下旬移栽,每667平方米栽1.8万～2.0万穴,基本苗每667平方米6万～8万。③肥水管理:大田每667平方米施纯氮18～20千克,注重磷、钾肥的配合施用。基蘖肥、穗粒肥的比例以7:3为宜。水分管理,深水活棵后,前期浅水勤灌促早发,中期适时分次轻搁,后期干湿交替,收获前1周断水。④病虫草害防治:使用恶线清药剂浸种,预防恶苗病、干尖线虫病。秧田期防治好条纹叶枯病、稻蓟马和稻飞虱;大田期仍要注意防治条纹叶枯病、稻蓟马,适时防治螟虫、稻瘟病等。

适宜区域 适宜在江苏省沿江及苏南地区的中等偏上肥力条件下种植。

2. 新两优6380

品种来源 两系籼型杂交稻,亲本为03S/D208。由南京农业大学和江苏中江种业股份有限公司选育。

特征特性 作单季稻种植,全生育期 140 天左右,与汕优 63 相当。株高 124 厘米左右,株型较紧凑,长势旺,株高较高,穗型较大,分蘖力中等,叶色中绿,群体整齐度较好,后期熟色好,抗倒性较强。每 667 平方米有效穗数 14 万穗左右,每穗实粒数 148 粒左右,结实率 84% 左右,千粒重 29 克左右。据农业部食品质量检测中心检测,该品种米质理化指标达到国家 3 级优质稻谷标准,长宽比 3.1:1,整精米率 52.3%,垩白率 25.0%,垩白度 3.8%,胶稠度 66.0 毫米,直链淀粉含量 22.4%。接种鉴定:中感白叶枯病,中抗穗颈瘟,抗纹枯病。

产量表现 该品种 2 年参加江苏省区试,平均每 667 平方米产量 562.4 千克,较对照汕优 63 增产 16.5%。生产试验,平均每 667 平方米产量 611.7 千克,较对照增产 18.2%。

栽培要点 ①适期播种,一般 5 月上旬播种。每 667 平方米,湿润育秧净秧板播量 10 千克左右,旱育秧净秧板播量 20 千克左右。②适时移栽,6 月上中旬移栽,秧龄控制在 30~35 天,合理密植,一般每 667 平方米栽插 1.6 万~1.8 万穴,落地苗 7 万~8 万。③肥水管理。一般每 667 平方米施纯氮 15 千克。肥料施用采用前促、中控、后补的策略。施足基肥,早施分蘖肥,控制中期氮肥施用,后期适量施用穗肥。水浆管理上,栽插后当田间茎蘖数达到够穗苗 90% 时,及时搁田;施肥水平高、早发的田块应适当提前搁田,并分次轻搁。灌浆结实期干干湿湿,养根保叶,活熟到老。④病虫草害防治。播前用药剂浸种,防治恶苗病和干尖线虫病等种传病害。秧田期和大田期注意防治灰飞虱、稻蓟马。中后期要综合防治纹枯病、三化螟、纵卷叶螟、稻飞虱等。特别要注意对白叶枯病的防治。

适宜区域　适宜在江苏省中籼稻地区的中上等肥力条件下种植，也适合在长江中下游肥水条件较好地区作单季中稻栽培。

3. 淮稻 9 号

品种来源　原名"淮 68"，属迟熟中粳常规稻。由江苏省淮阴农业科学研究所育成。

特征特性　全生育期 152 天左右，与对照武育粳 3 号相当。株高 100 厘米左右，株型紧凑，长势旺，穗型中等，分蘖力较强，叶挺色深，群体整齐度好，后期熟色较好，较难落粒。每 667 平方米有效穗数 20 万穗左右，每穗实粒数 100 粒左右，结实率 85% 左右，千粒重 27 克左右。米质理化指标达国家 3 级优质米标准。中感白叶枯病、穗颈瘟。

产量表现　2003～2004 年，2 年参加江苏省区域试验，2 年平均每 667 平方米产量 586.0 千克，较对照武育粳 3 号增产 11.8%，2 年增产均达极显著水平。2005 年生产试验，平均每 667 平方米产量 556.3 千克，较对照增产 8.5%。

栽培要点　①适期播种：湿润秧宜安排在 5 月上中旬播种，秧龄 30～35 天。机插秧 5 月底至 6 月上旬播种。②合理密植：行株距，一般大田 26.7 厘米×11.7 厘米，每

667平方米保证2万穴左右,每穴3~4株苗,基本苗6万~8万。③肥水管理:一般每667平方米需纯氮18~20千克,配合施用磷、钾肥。基蘖肥与穗粒肥之比以6∶4为宜。穗肥以促为主,促保兼顾。④水浆管理:要坚持浅水促蘖,够苗后分次适度搁田。孕穗及扬花阶段,保持浅水层,后期干干湿湿,成熟前7天断水。⑤防治病虫害:使用恶线清浸种,防治恶苗病、干尖线虫病;秧田期防治好条纹叶枯病、稻蓟马;大田期仍要抓好条纹叶枯病的防治,适时防治螟虫;防治穗颈瘟、枝梗瘟,必须在破口期用三环唑类农药防治1次,隔5~7天再防治1次。

适宜区域　适宜在江苏省苏中及宁镇扬丘陵地区中上等肥力条件下种植。

4. 千重浪1号

品种来源　常规粳稻,亲本为沈农265/沈农9715。由沈阳农业大学水稻研究所选育。

特征特性　该品种全生育期155天左右。株高105厘米左右,分蘖力中等偏强,株型紧凑,叶色深绿。茎秆粗壮,根系发达,抗倒性好。穗型直立,穗长19~20厘米。有稀短芒,谷粒卵圆形,颖壳黄白色,穗顶略高于剑叶。每穗颖花130~150个,结实率95%左右,千粒重26克。米质特优,经农业部稻米及制品检验中心测试,综合评价为国标1级优质米。该品种抗逆性强,适应性广,对稻瘟病的田间抗性为高抗。

产量表现　每667平方米产量较易达到650千克,高产田可达750~800千克。2005年在沈阳东陵区、苏家屯区、新民市、辽中县、辽阳市、海城市、盘锦市试种,各地每667平方米产量在 600~810 千克之间,比对照品种增产8.9%~20.6%,平均增产 17.5%。

栽培要点 ①适时育苗插秧,种子用 50℃以下温水浸泡 10 分钟,以防干尖线虫病。每平方米播种量 150~200 克。②插秧行穴距为 30 厘米×13 厘米或 30 厘米×17 厘米,每穴插 4~5 苗,以防后期穗数不足影响产量。③肥水管理。全生育期每 667 平方米施标氮(硫酸铵)65~70 千克。氮肥采用少量多次施肥法,宜分 3 段 5 次(基肥、蘖肥、调整肥、穗肥、粒肥)施入。每 667 平方米施磷酸二铵 10 千克,作基肥 1 次施入。重点施好分蘖肥,一般在移栽后 10 天左右,每 667 平方米施尿素 12.5~15 千克。钾肥 10 千克,分基肥和穗肥 2 次施入。灌水宜浅、湿、干间歇灌溉,后期断水不宜太早。④综防病虫草害。移栽后 10 天施除草剂封闭,一般每 667 平方米施用 60%丁草胺乳油 150 毫升和 10%农得时可湿性粉剂 20 克,以药土法或药肥法施入,施后保持 3~5 厘米水层 5~7 天。孕穗期和齐穗期需要防治稻瘟病。

适宜区域 适宜在辽宁省等地区年活动积温3 100℃~3 200℃稻区种植。

5. 辽星 1 号

品种来源 粳型常规稻,亲本为辽粳 454/沈农 9017。由辽宁省稻作研究所选育。

特征特性 在辽宁省南部、京津地区种植,全生育期为 156.4 天,比对照金珠 1 号早熟 2.2 天。株高 106.5 厘米,穗长 15.5 厘米,每穗总粒数 109.9 粒,结实率 91.1%,千粒重 25.5 克。主要米质指标:整精米率 67.8%,垩白率 9%,垩白度 0.8%,胶稠度 76 毫米,直链淀粉含量 16.6%,达到国家《优质稻谷》标准 1 级。抗性:苗瘟 3 级,叶瘟 4 级,穗颈瘟 5 级。

产量表现　2003～2004 年 2 年参加辽宁省区域试验,每 667 平方米产量分别为 642.0 千克和 640.6 千克,比对照品种分别增产 13.3%和 13.0%。2004 年生产试验,产量为 614.4 千克/667 米^2,比对照品种增产 10.3%。该品种产量一般为 650～700 千克/667 米^2,高产田可达 800 千克/667 米^2 以上。

栽培要点　①适时播种,辽宁省南部、京津地区根据当地生产情况与金珠 1 号同期播种。旱育秧播种量每平方米 150～200 克,培育带蘖壮秧。②插秧行株距,29.7 厘米×13.2 厘米或 29.7 厘米×16.5 厘米,每穴 2～3 粒谷苗或 3～4 粒谷苗,每 667 平方米有效穗数控制在 27 万～30 万穗。③肥水管理。中等肥力田块,一般每 667 平方米施纯氮 10～11 千克,磷酸二铵 10 千克,钾肥 15 千克,锌肥 1～1.5 千克,遵循前促、中控、后保原则。水分管理采用浅、湿、干相结合,后期断水不宜过早,一般在收获前 10 天左右撤水为宜。④病虫害防治,播前对种子严格消毒,以防恶苗病发生;大田生长期间,根据当地病虫害实际发生情况、动态,注意及时防治二化螟、稻瘟病等病虫害。

适宜区域　适宜在辽宁省南部、新疆维吾尔自治区南部、北京市、天津市稻区种植。

6. 楚粳 27

品种来源 粳型常规稻,亲本为楚粳 22 号/合系 39 号。由云南省楚雄彝族自治州农业科学研究所选育。

特征特性 属中粳中熟品种,全生育期 170～175 天,株高 100～105 厘米。株、叶型好,茎秆粗壮,分蘖力中等,成穗率较高。谷壳黄色,颖尖褐色、无芒、落粒性适中。穗粒数 130～150 粒,背子较密,结实率 80%～85%,千粒重 23～24 克。稻米品质经农业部稻米制品及质量监督检验测试中心分析,糙米率 85%、精米率 78.6%、整精米率 78.3%、长宽比 1.5:1、碱消值 7.0 级、胶稠度 82 毫米、直链淀粉含量 17.5%、蛋白质含量 8.3%,这些指标均达部颁优质米 1 级标准;垩白度 3.3%达优质米 2 级标准。米粒似珍珠,食味品质好。叶、穗瘟抗性强(叶瘟 4 级、穗瘟 1 级)。茎秆基部节间短,抗倒伏能力强。

产量表现 2003 年,在云南省弥渡县试验示范种植,2004 年小面积推广,每 667 平方米平均产量 750 千克以上,最高达 850 千克,比对照合系 22-2 增产 80～100 千克,增幅 8%～10%,增产达极显著水平。一般每 667 平方米平均产量可达 650～700 千克。

栽培要点 ①培育旱壮秧,适时早栽。旱育秧每 667 平方米秧田播种 40～45 千克。②合理密植。移栽时,每 667 平方米栽 2.5 万～3 万丛,每丛 2 苗。③肥水管理。施足基肥,早施分蘖肥,多施农家肥和复合肥,每 667 平方米施纯氮 13～17 千克,硫酸钾 10 千克,磷肥(普钙)40 千克。适时撒水晒田控苗。④防治病害。每 667 平方米,分蘖盛期选用 75% 三环唑 30 克预防叶瘟;孕穗中期(大肚子苞)用井冈霉素 75 克预防稻曲病;炸苞 1% 时,用 75% 三环唑 30 克重点防治穗瘟,齐穗时再防治 1 次枝梗瘟。

适宜区域　适宜在云南省滇中中海拔稻区种植。

7. 内 2 优 6 号

品种来源　三系籼型杂交稻,亲本为多系 1 号/明恢 63 的后代//IRBB60。由中国水稻研究所选育。

特征特性　在长江中下游作一季中稻种植,全生育期平均为 137.8 天,比对照汕优 63 迟熟 3.2 天。株型紧凑,茎秆粗壮,长势繁茂。株高 114.2 厘米,穗长 26.1 厘米。每 667 平方米有效穗数 16.5 万穗,每穗总粒数 159.7 粒,结实率 73.3%,千粒重 31.5 克。米饭柔软,晶莹透亮,其食味品质可与北方粳稻相媲美。米质主要指标:整精米率 64.4%,长宽比 3.2,垩白率 29%,垩白度 3.9%,胶稠度 68 毫米,直链淀粉含量 15.1%,达到国家《优质稻谷》标准 3 级。抗性好,抗病又抗虫。抗性级别:稻瘟病平均 5.1 级,最高 9 级,抗性频率 70%;白叶枯病 9 级。

产量表现　2004 年参加长江中下游中籼迟熟组品种区域试验,平均每 667 平方米产量 591.1 千克,比对照汕优 63 增产 4.9%(达极显著水平)。2005 年续试,平均每 667 平方米产量 566.8 千克,比对照汕优 63 增产 5.9%;两年区域试验,平均每 667 平方米产量 579.0 千克,比对照汕优 63 增产 5.4%。2005 年生产试验,平均 667 平方米产量 526.2 千克,比对照汕优 63 增产 4.1%。

栽培要点　①根据各地中籼生产季节适时播种。每

667平方米,秧田播种量7.5千克,大田用种量0.75千克,稀播匀播培育带蘖壮秧,秧龄控制在30天内,叶龄6~7叶。②合理密植,栽插规格26.0厘米×20厘米左右,每667平方米插足1.3万穴,落地苗6万~7万苗。③肥水管理,一般每667平方米施纯氮10千克左右,氮、磷、钾比例为1:0.5:1。施足基肥,每667平方米施过磷酸钙40~50千克,适量施农家肥作基肥;早施追肥,移栽后5~7天内施总肥量的70%,移栽后15天内施完其余的30%;后期视苗情适施磷、钾肥。水浆管理上做到深水返青,浅水促蘖,够苗搁田,保水养花,灌浆成熟期干湿交替,不过早断水。④病虫防治:注意及时防治稻瘟病、白叶枯病等病虫害。

适宜区域 适宜在长江流域的福建、江西、湖南、湖北、安徽、浙江、江苏等省稻区(武陵山区除外),以及河南省南部稻区的稻瘟病、白叶枯病轻发区作一季中稻种植。

8. 龙粳18

品种来源 粳型常规稻,亲本为龙花90-254/龙花91-340。由黑龙江省农业科学院水稻研究所选育。

特征特性 生育期128~130天,需≥10℃活动积温2380℃左右,较对照东农416早1~2天,为中早熟品种。株高85.0厘米左右,分蘖力强,叶色淡绿。成熟转色快,抗倒伏性强。每穗粒数100粒,空秕率8.0%,千粒重26.6克。米质优,食味佳。抗稻瘟病。

产量表现 2003年黑龙江省预备试验,平均每667平方米产量553.6千克,较对照东农416增产8.5%。

2004 年省区域试验,平均每 667 平方米产量为 553.1 千克,较对照东农 416 增产 9.4%。2005 年省区域试验,平均每 667 平方米产量为 531.7 千克,较对照东农 416 增产 8.6%。2004 ~ 2005 年区域试验,平均每 667 平方米产量 544.5 千克,较对照品种东农 416 平均增产 9.1%。2006 年生产试验,平均每 667 平方米产量 533.0 千克,较对照品种东农 416 平均增产 10.7%。

栽培要点 适宜旱育稀植插秧栽培,一般 4 月 15 ~ 25 日播种,5 月 15 ~ 25 日插秧,插植规格 30 厘米 × 13 厘米左右,每丛 3 ~ 4 株。中等肥力地块,一般施肥量每公顷施磷酸二铵 100 千克,尿素 200 ~ 300 千克,硫酸钾 100 ~ 150 千克。水层管理,插秧后保持浅水层,7 月初晒田,复水后间歇灌溉,8 月末停灌。根据病虫害预报,做好病虫防治,确保高产。

适宜区域 适宜在黑龙江省第二、第三积温带及吉林省北部和内蒙古自治区东部栽培种植。

9. 淦鑫 688(昌优 11 号)

品种来源 籼型杂交稻,亲本为不育系天丰 A/恢复系昌恢 121。由江西农业大学农学院选育。

特征特性 作晚稻种植,全生育期为 124 天左右,比汕优 46 长 1 ~ 2 天。植株高 100 厘米,株型紧凑,茎秆粗壮,叶挺色浓绿,抽穗整齐,成熟落色好。分蘖力强,单株成穗数 12 个左右。每 667 平方米有效穗数 19.7 万穗左右,大田成穗率 61.8%。穗长 21.2 厘米,每穗总粒数 154.5 粒,每穗实粒数 116.5 粒,结实率 75.5%,千粒重

25.0 克。谷粒细长,长宽比 3.2∶1。其米质达到国优 2
级,垩白少,晶莹透明,米香浓郁,特别是出米率高,外观
与口感明显优于金优桂 99。对稻瘟病、白叶枯病抗性较
强,抗倒伏,耐寒性好。

产量表现 2004 年江西省晚稻中熟组区域试验,平
均每 667 平方米产量 526.7 千克,比汕优 46 增产 1.6%,
2005 年平均每 667 平方米产量 468.4 千克,比对照汕优 46
增产 5.0%。2004 年参加广东省梅州市晚稻中迟熟组,
2005 年参加早稻中迟熟组区域试验,平均每 667 平方米
产量分别为 474.1 千克和 484.8 千克,比对照汕优 122 增
产 4.0%和 3.9%,2004 年参加广西壮族自治区桂林市晚
稻区域试验,比对照汕优 46 增产 12.3%,居参试组合第
一位,2005 年平均每 667 平方米产量 515.3 千克,比对照
Ⅱ优 838 增产 4.8%。

栽培要点 ①在长江流域作晚稻栽培一般 6 月中旬
播种,稀播匀播培育壮秧。每 667 平方米,秧田播种量 10
千克,大田用种量 1~1.5 千克。②移栽秧龄控制在 35 天
以内,采用 20 厘米×16.7 厘米或 23.3 厘米×13.3 厘米 2
种栽插规格,每 667 平方米丛数达到 2 万蔸,每丛要求插 2
粒谷的秧,落地苗 10 万~12 万。③合理施肥,大田以基
肥为主,追肥为辅;以有机肥为主,化肥为辅,增施磷、钾
肥。有机肥、磷肥及中微量肥料全作基肥。化肥氮、钾肥
施肥根据生育期合理分配,基肥∶分蘖肥∶穗肥∶粒肥比例
为 5∶2∶2∶1。浅水插秧,浅水返青,活蔸后露田促根,遮泥
水分蘖,够苗晒田,薄水抽穗,干干湿湿壮籽,割前 7~10

天开沟断水,切忌断水过早。④根据各地病虫害预测预报,及时施药,以防为主,综合防治。做好螟虫、稻曲病、白叶枯病、稻瘟病等病虫害的防治工作。

适宜区域 适宜在江西、湖北等省长江流域作中、晚稻种植。

10. 丰两优4号

品种来源 两系籼型杂交稻。合肥丰乐种业股份有限公司选育。

特征特性 该品种生育期适中,在长江中下游作中稻种植,全生育期为138天左右,与汕优63相近。株叶形态好。该组合株型紧凑,株高115厘米左右,植株整齐一致,倒三叶直立,分蘖力较强。熟期落色好,秆青籽黄。结实率80%以上。米质优良,经农业部稻米及制品质量监督检验测试中心检测,除直链淀粉外,其他各项指标都达2级以上标准。经安徽省农业科学院植物保护研究所统一检测,白叶枯病1级,稻瘟病5级。

产量表现 2004年参加安徽省中籼品种区域试验,平均每667平方米产量636.4千克,比汕优63增产8.9%,达极显著水平。2005年平均每667平方米产量572.4千克,比汕优63增产9.0%,达极显著水平。一般大田每667平方米产量650千克以上;肥力水平较好田块,每667平方米产量可达800千克以上。

栽培要点 ①适期播种,培育壮秧:在安徽省作中稻栽培,4月下旬至5月上旬播种,采取旱秧或湿润育秧,育成多蘖适龄壮秧。②适时移栽,合理密植:秧龄30天为宜,中上等肥力田块,栽插规格 26.7 厘米 × 16.7 厘米,每 667 平方米栽足 1.5 万穴;中等及肥力偏下的田块,适当增加密度。③肥力促控,协调群体:该组合属耐肥组合,每 667 平方米共施用 14 ~ 18 千克纯氮,普钙 40 ~ 50 千克,钾肥 15 千克;总用氮量的 60% 作基面肥。每 667 平方米移栽活棵后追 5 ~ 8 千克尿素促分蘖;烤田复水时追 3 ~ 5 千克穗粒肥;破口期追 3 ~ 5 千克尿素作花粒肥,效果非常明显。科学管水、适时烤田。采取浅水栽秧,寸水活棵,薄水分蘖,深水抽穗,后期干干湿湿的灌溉方式。在肥力较好田块,每 667 平方米达 18 万 ~ 20 万株苗时,须及时排水晒田,防止苗发过头。④综合防治病虫害:根据当地植保部门病虫害预报及时防治,在抽穗期防治 1 次稻曲病效果十分显著。

适宜区域 适宜在安徽、河南、湖北、湖南、江苏及浙江等省作一季中稻种植。

11. Ⅱ优航 2 号

品种来源 籼型杂交稻,亲本为Ⅱ-32A/GK239。由福建省农业科学院水稻研究所育成。

特征特性 全生育期 143 天,比汕优 63 长 3 天左右。株高 120 厘米左右,茎秆粗壮,生长繁茂,叶片较长大,穗型较大。平均每穗总粒数 180 粒左右,结实率 78% 以上,千粒重 27.5 克。米质 12 项指标中 9 项达部颁 2 级以上优质米标准。中抗稻瘟病,感白叶枯病。

产量表现 2003 ~ 2004 年,2 年安徽省中籼区域试验,平均每 667 平方米产量分别为 526.7 千克和 618.8 千克,比对照汕优 63 分别增产 4.9% 和 7.5%,均达极显著水平;2005 年安徽省中籼生产试验,平均每 667 平方米产量 565.1 千克,比汕优 63 增产 8.35%。一般每 667 平方米产量 550 千克左右。

栽培要点　①作中稻种植 4 月底至 5 月上中旬播种,每 667 平方米秧田播种量 15 千克左右,大田用种量 1.5 千克为宜。②秧龄 25~30 天,插植规格 20 厘米×20 厘米。每 667 平方米,插足落地苗 10 万~12 万,确保有效穗达 16 万穗。③每 667 平方米用纯氮 10 千克,氮、磷、钾肥比例 1.0∶0.5∶1.0。施肥以基肥为主,分蘖肥占 40%~45%,穗肥以钾肥为主。浅水勤灌,湿润稳长,够苗及时搁田,孕穗期开始复水,后期干湿壮籽,防断水过早。④注意防治病虫害。

适宜区域　适宜福建省稻瘟病轻发区作中稻种植。也可以在安徽省一季稻白叶枯病轻发区种植。

12. 玉香油占

品种来源　籼型常规稻,TY36/IR100//IR100(TY36 是利用三系不育系 K18A 为受体,与玉米杂交的后代中,选育出来的稳定中间品系。由广东省农业科学院水稻研究所选育。

特征特性　该品种为感温型优质香稻。早稻全生育期 126~128 天,与粤香占相当。叶色浓,抽穗整齐,穗大粒多,着粒密,熟色好,结实率较高。株高 105.6~106.4 厘米,穗长 21.1~21.6 厘米,每 667 平方米有效穗数 20.3 万穗,每穗总粒数 128~136 粒,结实率 81.6%~86.0%,

千粒重 22.6 克。稻米外观品质鉴定为早稻 1~2 级,整精米率 46.3%~47.0%,垩白率 13%,垩白度 2.6%~8.7%,直链淀粉含量 23.7%~26.3%,胶稠度 47~75 毫米,理化分 34~44 分。中抗稻瘟病,中 B、中 C 群和总抗性频率分别为 66.7%、77.8%、67.7%。病圃鉴定穗瘟、叶瘟均为 3 级;中感白叶枯病(5 级)。

产量表现　2003 和 2004 年,2 年早稻参加广东省区域试验,平均每 667 平方米产量分别为 463.3 千克和 518.2 千克,比对照种粤香占分别增产 5.6% 和 7.0%。2003 年增产不显著,2004 年增产极显著,除韶关、清远、肇庆等市试点 1 年增产外,其他试点 2 年均增产。2004 年早稻生产试验,平均每 667 平方米产量 488.3 千克,比对照种增产 2.5%。

栽培要点　①适时播植,早稻宜于 3 月初播种,4 月初移植;晚稻于 7 月中下旬播种,8 月初移植。插大秧早稻秧龄约 30 天,抛秧秧龄 16 天;晚稻插大秧秧龄约 15~18 天,抛秧秧龄约 12 天。②每 667 平方米,抛秧田用种量 1.5~1.8 千克,要求抛 1.7 万~1.8 万丛,需用秧盘 40 块左右。插秧田每 667 平方米用种量 2.5 千克,可用 20.0 厘米×16.7 厘米或 23.3 厘米×20.0 厘米插植规格,密度为 1.7~2.0 万,一般每 667 平方米插基本苗 4 万~6 万苗。早稻最高 28 万~30 万苗,晚稻最高 27 万~29 万苗,争取有效穗数达 18 万~21 万穗。③耐肥抗倒性较强,选择中等或中等肥力以上的地区种植,施足基肥,早施重施促蘖肥。每 667 平方米,早稻本田期施纯氮 10 千克左右,晚稻本田期施纯氮 12 千克左右。科学用水,以水调肥、调气、排毒,晚稻在每次施促蘖肥前有意先灌后排,以减少土层中因稻草分解时产生的酸性及有毒物质。分蘖达到有效穗苗数的 70%~80% 时便轻露田,够苗晒田;中后期干湿交替,促使水稻根系活力强、茎秆韧健、叶片挺直而增强植株的抗倒性;抽穗前至齐穗期保持浅水层;后期防止过早断水。④按常规做好稻瘟病、白叶枯病、稻纵卷叶螟等病虫草害的综合防治。前中期要预防稻蓟马、螟虫和飞虱,中后期要注意施药防治纹枯病、稻飞虱。要注意防治稻瘟病和白叶枯病。

适宜区域　适宜广东省各地早、晚稻种植,但粤北稻作区早稻栽培应根据生育期布局,慎重选择使用。

第二章 华南稻区超级稻栽培技术

一、早稻超级稻配套栽培技术(广东省)

(一)适用范围与品种

本技术适合于广东省双季稻的早稻手插秧和抛秧种植方式。适宜的超级稻品种有天优 998、桂农占、玉香油占等,其他品种可参考使用。

(二)技术规程

1. 产量与生育指标见表2-1,表 2-2。

表 2-1 部分超级稻品种目标产量及其构成因子

品 种	产 量 (千克/667 米²)	有效穗数 (万/667 米²)	每穗粒数 (粒)	结实率 (%)	千粒重 (克)
天优 998	550	18.0	145	90	24.5
桂农占	550	21.0	140	85	22.3
玉香油占	550	18.5	150	90	22.0

表 2-2　不同生育期叶龄与茎蘖指标

品　种	叶　龄				茎蘖数(万/667 米²)	
	移栽期		有效分蘖终止期	抽穗期	基本苗	最高苗
	插　植	抛　秧				
天优 998	5~6	4~4.5	10	15	6	30
桂农占	5~6	4~4.5	11	16	6	28
玉香油占	5~6	4~4.5	10	15	6	26

2.育　秧

(1)播期确定　按当地日平均温度≥12℃的稳定期为播种期。播种期,潮汕等地在 2 月下旬,中南部地区在 3 月上旬,而偏北地区在 3 月中旬播种较适宜。播种后应采用塑料薄膜覆盖,以防冷害。

(2)秧田准备　秧田要施足有机肥,全层施并沤田 15 天以上培肥地力。一般秧田每 667 平方米施过磷酸钙 20~25 千克作基肥。肥力较低的秧田,应适量增施有机肥作基肥,也可每 667 平方米施复合肥 15~20 千克作基肥。

(3)精量播种　播种前晒种,宜在温和的阳光下晒种 2 小时左右。晒种后用强氯精 450~500 倍液,浸种 4~6 小时消毒。用水洗干净后再浸种 8~10 小时,浸种过程换水 2~3 次,浸种结束捞出种子后催芽。采用大田常规方法培育中大苗秧,每 667 平方米,常规稻本田用种量 1.5~2.0 千克,秧田播种量 10~12 千克。每 667 平方米,杂交稻本田用种量 1.0~1.2 千克,秧田播种量 7~8 千克。秧田播种量可根据秧式和移植叶龄而相应改变,一般采用中小苗秧移植的播种量可适当增加。

采用塑料软盘育秧,要严格控制播种量。一般常规稻(千粒重 25 克左右)的,每 667 平方米用种量为 2 千克,杂交稻为 1.2 千克左右。秧盘的数量,应根据秧盘的穴数及计划抛植密度而定,还要扣除 5%～10%的空穴损失率。目前我省采用的秧盘主要有 2 种规格,即 502 穴和 561 穴。每 667 平方米用秧盘数＝计划抛植丛数/(每盘穴数－每盘穴数×空穴损失率),如每 667 平方米大田计划抛 1.8 万丛,用 502 穴的秧盘,为 38～40 个;用 561 穴的秧盘,为 34～36 个。如用旧秧盘,应根据秧盘的损坏情况适当增加秧盘数量。

(4)秧田管理 大田常规育秧,播种后一般应埋芽或用火烧土盖种。播种后晒秧板 1～2 天后至出叶才回水,实行前期 2 叶 1 心湿育、后期水育。施好秧苗 2 叶 1 心期断奶肥和 4 叶 1 心期促蘖肥。2 叶 1 心期断奶肥,一般每 667 平方米可施腐熟人粪尿,混少量磷钾肥,或施尿素 3～4 千克,混少量磷钾肥,或施复合肥 10～12 千克。4 叶 1 心期施促蘖肥,每 667 平方米可施尿素 4～5 千克,混 3～4 千克氯化钾,或施复合肥 10～15 千克。

塑料软盘育秧一般采取泥浆播湿育的方法。按常规水田浆播育苗的做法,秧田施足基肥,耙烂耙平。播种后秧田灌沟水,保持秧畦湿润。适时追肥,在播后 7～8 天灌水,每 667 平方米秧田施复合肥 5 千克。抛秧前 2 天排水,促使畦面干爽,易于起秧和抛秧。

秧苗 1 叶 1 心期,每 667 平方米本田秧用 15%多效唑 1 克,对水 1 升喷施,可防止秧苗徒长,促进秧苗矮化,根系发达,增加分蘖,达到控上促下,延长秧龄,培育壮秧的目的。做好秧田病虫草管理。

3.移　栽

(1)整田　冬闲田可在秋茬作物收获后及时翻耕晒垡,冬季冻垡,改良土壤物理性状。秋耕深度一般要达 15 厘米左右,深浅一致,不漏不重耕。移植前施基肥整田,先干耕整,后上水耢平,达到平、烂、净的整田质量标准。绿肥田在秧苗移植前 15 天左右耕翻,要先干耕晒垡 2~3 天,再灌水整平,促使绿肥能迅速腐烂。

(2)秧龄　叶龄,大田育秧移植以 5~6 片叶为宜,塑盘秧在 4.0~4.5 片叶时抛植。

(3)密度与规格　一般每 667 平方米插植或抛植 1.7 万~1.8 万穴,插植规格为 21.7 厘米×16.7 厘米或 20.0 厘米×20.0 厘米。每 667 平方米高肥力稻田移植丛数可少些,低肥力稻田移植丛数可多些。拔大秧插植苗数,常规稻每穴插 3~4 本苗;杂交稻带 3 个分蘖以上的秧苗,每丛插 1 本苗;杂交稻带 2 个分蘖以下的秧苗,每丛插 2 本苗。要求保证插植规格苗数,浅插匀插。采取抛秧移植的,为保证秧苗分布均匀,每块田可以分 2 次抛,即先把本块田应抛秧苗的 60%~70%全面抛 1 次,然后再将余下的抛到稀疏的地方,补均匀。抛秧后,田中间留工作行,把工作行里的秧苗补到稀疏的地方。

4. 施 肥

(1)总施肥量　在地力产量(即不施肥栽培产量)的基础上,按每增产100千克稻谷需施纯氮5(±0.5)千克计算本田期施肥量。采取前期定量,中后期根据叶色变化、禾苗生长势、天气状况酌情补肥。氮肥的施用不同生育阶段施氮比例为:前期(包括基肥和回青肥、分蘖肥)施氮量占全生育期施氮总量的75%~80%、中期占20%~25%。中低肥力田块前期施氮比例大些,中后期施氮比例小些;高肥力田块前期施氮比例相应减少,中后期施氮比例相应增加。本田施肥以氮、磷、钾肥配施为原则,纯氮、五氧化二磷、氧化钾按1:0.3~0.5:0.8~1比例配施。磷肥70%作基肥,30%留作中后期施用或全部作基肥施用;钾肥比例为:前期(包括基肥、回青肥、分蘖肥)施钾量占全期施钾总量的50%,中后期占50%。

(2)各时期施肥量　基肥:每667平方米,施湿润腐熟土杂肥500千克,加过磷酸钙30千克。回青肥:移栽后3~4天,每667平方米施尿素5千克。始蘖肥:移栽后10~12天,每667平方米施尿素8千克,加氯化钾6千克。穗肥:幼穗分化1~2期,每667平方米施尿素5千克,加氯化钾7.5千克。粒肥:后期视禾苗长相巧施(或不施)壮尾肥,以提高结实率。

5. 水分管理

(1)前期　以泥皮水抛秧或浅水插秧;薄水促分蘖;移植后如遇阴雨天气,可排水,以露田为主,以增加土壤氧气,促新根和分蘖生长。

（2）中期　当苗数达到够苗的80%时,开始采取多露轻晒的方式露晒田,以促进根系深扎,提高抗性,防止倒伏,控制无效分蘖的产生,将每667平方米苗峰控制在35万左右,成穗率达60%以上,这样就可确保有足够的有效穗数,为高产奠定穗数基础,又能使稻株在幼穗分化前叶色适度转赤,为施分化肥做好准备。幼穗分化初期回浅水,施肥后保持湿润。

（3）后期　抽穗扬花灌回浅水,以后保持湿润,收获前5~7天灌跑马水,切忌过早断水,以防止后期高温逼熟、禾苗早收和谷粒充实不饱而影响产量。

6.病虫草害综合防治

（1）前期　抛秧前统一组织毒杀田鼠和福寿螺(每667平方米用密达0.5千克),结合第一次追肥施除草剂(每667平方米用丁苄60~80克或稻无草35克),分蘖盛期施井冈霉素防治纹枯病(每667平方米用井冈霉素0.25千克对水100升喷施),并抓好三化螟、稻纵卷叶螟(可使用稻虫一次净和病穗灵)的防治。

（2）中期　每667平方米用纹霉清250毫升和蚜虱净10克,对水100升,喷施防治纹枯病和稻飞虱,并注意防治稻纵卷叶螟、白叶枯和细菌性条斑病等。

（3）后期　破口期、齐穗期均要喷药防治穗颈瘟、纹枯病和三化螟等;抽穗后注意防治稻飞虱,以免造成穿顶,影响产量。杀菌剂,用瘟克星60克/667米^2,或纹霉清250毫升/667米^2。杀虫剂,90%杀虫单40~50克/667米^2,10%吡虫啉10克/667米^2,或每次每667平方米用乐斯本 40 毫升,对水 60 升喷施。成熟中后期要密切防治稻曲病,每 667 平方米用瘟格新 60 克,或 75% 三环唑 30 克,对水 60 升喷施。

本田期可应用频振式诱杀虫灯防治害虫。如虫口密度太大时,可结合农药进行防治。

(三)注意事项

①施肥总量要根据品种需肥性不同适当增减。桂农占株型好,耐肥抗倒,可适当增加施氮量;天优 998 和玉香油占耐肥性较差,要适当减少施氮量。

②早稻中期的穗肥施用量要根据禾苗的长势和天气情况酌情施用。

③早稻雨水多,要切实抓好露晒田工作。

④要切实抓好"送嫁药"和"破口药"这两个病虫害防治的关键时期。

二、晚稻超级稻配套栽培技术(广东省)

(一)适用范围与品种

本技术适用于广东省双季稻的晚稻手插秧和抛秧种植方式。可选用天优 998、桂农占、玉香油占和博优 998 等超级稻品种,其他品种可参考使用。

(二)技术规程

1. 产量与生育指标见表2-3,表2-4。

表 2-3　部分超级稻品种产量及其构成因子

品　种	产　量 （千克/667 米²）	有效穗数 （万 /667 米²）	每穗粒数 （粒）	结实率 （％）	千粒重 （克）
天优 998	600	18.0	152	90	24.5
桂农占	600	21.5	148	85	22.5
玉香油占	580	19.0	155	90	22.2
博优 998	600	22.0	140	88	22.2

表 2-4　不同生育期叶龄与茎蘖指标

品　种	叶　龄				茎蘖数(万 /667 米²)		
	移栽期		有效分蘖 终止期	抽穗期	基本苗	最高苗	有效穗
	插　植	抛　秧					
天优 998	4~5	3~4	9	14	6	31	18.0
桂农占	4~5	3~4	10	15	7	32	21.5
玉香油占	4~5	3~4	9	14	7	26	19.0
博优 998	5~6	—	11	16	7	34	22.0

2. 育　秧

（1）播期确定　感光型品种安排在 7 月上旬播种；翻秋品种，中南部地区在 7 月中旬末播种，偏北地区在 7 月上旬末播种较适宜。

（2）秧田准备　秧田要施足有机肥，全层施肥并沤田 15 天以上，以培肥地力。一般秧田每 667 平方米施过磷酸钙 20~25 千克作基肥。肥力较低的秧田应适量增施有机肥作基肥,或每 667 平方米施复合肥 15 ~ 20 千克作基肥。

(3)精量播种　种子纯度不低于 98%,净度不低于 98%,发芽率不低于 85%,杂交稻种子发芽率不低于 80%。播种前在温和的阳光下晒种 2 小时左右;晒种后用强氯精 450 ~ 500 倍液浸种 4 ~ 6 小时,对种子消毒;用水洗干净后再浸种 8 ~ 10 小时,浸种过程要换水 2 ~ 3 次;种子起水后进行催芽。采用大田常规育中大苗秧的,常规稻本田用种量 1.5 ~ 2.0 千克/667 米^2,秧田播种量 10 ~ 12 千克/667 米^2。杂交稻本田用种量 1.0 ~ 1.2 千克/667 米^2,秧田播种量 7 ~ 8 千克/667 米^2。秧田播种量可根据秧式和移植叶龄而相应改变,采用中小苗秧移植的,每 667 平方米播种量可适当增加。采用塑料软盘育秧的,更要严格控制播种量,一般常规稻(千粒重 25 克左右)的,每 667 平方米用种量为 2 千克,杂交稻为 1.2 千克左右。

秧盘的数量,应根据秧盘的穴数及计划抛植密度而定,还要扣除 5% ~ 10% 的空穴损失率。每 667 平方米用秧盘数 = 计划抛植穴数/(每盘穴数 - 每盘穴数 × 空穴损失率),如每 667 平方米大田计划抛 1.8 万穴,用 502 穴的秧盘,为 38 ~ 40 个;用 561 穴的秧盘,为 34 ~ 36 个。如用旧秧盘,应根据秧盘的损坏情况,适当增加秧盘数量。

(4)秧田管理　采用大田常规育秧的,播种后一般应埋芽或用火烧土盖种。播种后晒秧板 1 ~ 2 天后至出叶才回水,实行前期湿育、后期水育。施好秧苗 2 叶 1 心期断奶肥和 4 叶 1 心期促蘖肥。2 叶 1 心断奶肥,一般可施腐熟人粪、尿或每 667 平方米施尿素 3 ~ 4 千克,混少量磷、钾肥,也可以每 667 平方米施复合肥 10 ~ 12 千克。4 叶 1 心促蘖肥,可每 667 平方米施尿素 4 ~ 5 千克,混 3 ~ 4 千克氯化钾,或每 667 平方米施复合肥 10 ~ 15 千克。

塑料软盘育秧一般采取泥浆播湿育的方法。按常规水田浆播育苗的做法,秧田施足基肥,耙烂耙平。播种后秧田灌沟水,保持秧畦湿润。适时追肥,在播后 7 ~ 8 天灌水,每 667 平方米秧田施复合肥 5 千克。抛秧前 2 天排水,促使畦面干爽,易于起秧和抛秧。秧苗 1 叶 1 心期,每 667 平方米本田秧用 15% 多效唑 1 克,对水 1 升喷施,可防止秧苗徒长,促进秧苗矮化、根系发育、增加分蘖,达到控上促下,延长秧龄,培育壮秧的目的。做好秧田病虫草害管理。

3. 移　栽

(1)整田　收完早稻后抓紧时间进行整田,两犁两耙,地要整碎整平,达到平、烂、净的整田质量标准。抛秧田平田要求要高于插秧田。

(2)秧龄　大田育秧移植叶龄,翻秋品种 4 ~ 5 片叶,感光型品种 5 ~ 6 片叶,塑盘秧翻秋品种 3 ~ 4 片叶时抛植。

(3)密度与规格　每 667 平方米插植或抛植 1.8 万 ~ 2.0 万株,插植规格为 21.7 厘米 × 16.7 厘米或 20.0 厘米 × 16.7 厘米,高肥力稻田每 667 平方米移植株数可少些,低肥力稻田每 667 平方米移植株数可多些。拔大秧每 667 平方米插植苗数,常规稻每科插 3 ~ 4 本苗,杂交稻带

3个分蘖以上的秧苗,每株插1本苗,带2个分蘖以下的秧苗,每株插2本苗。要求保证苗数达到插植规格,浅插匀插。采取抛秧移植的,为保证秧苗分布均匀,每块田可以分2次抛,即先把本块田应抛秧苗的60%～70%全面抛1次,然后再将余下的抛到稀疏的地方,补均匀。抛秧后,田中间留工作行,把工作行里的秧苗补到稀疏的地方。

4. 施肥

(1)总施肥量　在地力产量(即不施肥栽培产量)的基础上,按每增产100千克稻谷,需施纯氮5(±0.5)千克计算本田期施肥量。采取前期定量,中后期根据叶色变化、禾苗生长势、天气状况酌情补肥。不同生育阶段施氮比例为:前期(包括基肥和回青肥、分蘖肥)施氮量占全生育期施氮总量的70%～75%,中期占20%～25%,后期占5%～10%。中低肥力田块前期施氮比例大些,中后期施氮比例小些;高肥力田块前期施氮比例相应减少,中后期施氮比例相应增加。

本田施肥以氮、磷、钾肥配施为原则,纯氮、五氧化二磷、氧化钾比例1:0.3～0.5:0.8～1配施。磷肥70%作基肥,30%留作中后期施用或全部作基肥施用;钾肥比例为:前期(包括基肥、回青肥、分蘖肥)施钾量占全期施钾总量的50%,中后期占50%。

(2)各时期施肥量　基肥:每667平方米施湿润腐熟土杂肥500千克加过磷酸钙30千克。回青:移栽后2～3天,每667平方米施尿素6千克。始蘖肥:移栽后8～9

天,每 667 平方米施尿素 8 千克,加氯化钾 6 千克。穗肥:幼穗分化 1~2 期,每 667 平方米施尿素 6 千克,加氯化钾 7.5 千克。粒肥:后期视禾苗长相,每 667 平方米施尿素 2~3 千克。

5. 水分管理

(1)前期 以泥皮水抛秧或浅水插秧,移植后以薄水促分蘖。

(2)中期 当苗数达到够苗的 80% 时,开始采取多露轻晒的方式露晒田,促进根系深扎,提高抗性,防止倒伏,控制无效分蘖的产生,将每 667 平方米苗峰控制在 35 万左右,成穗率达 60% 以上,这样就可确保有足够的有效穗数,为高产奠定穗数基础,又能使稻株在幼穗分化前叶色适度转赤,为施穗肥做好准备。幼穗分化初期回浅水,施肥后保持湿润。

(3)后期 抽穗扬花灌回浅水,以后保持湿润,收获前 5~7 天灌跑马水,切忌过早断水,以防止禾苗早收获和谷粒充实不饱而影响产量。

6. 病虫草害综合防治

(1)前期 抛秧前统一组织毒杀田鼠和福寿螺(每 667 平方米用密达 0.5 千克);结合第一次追肥施除草剂(每 667 平方米用丁苄 60~80 克或稻无草 35 克)。分蘖盛期施井冈霉素防治纹枯病(每 667 平方米用井冈霉素 0.25 千克,对水 100 升喷施),并抓好三化螟、稻纵卷叶螟(可使用稻虫一次净加病穗灵)的防治。

(2)中期 每 667 平方米用纹霉清 250 毫升和蚜虱净

10克,对水100升喷施,防治纹枯病和稻飞虱,并注意防治稻纵卷叶螟、白叶枯和细菌性条斑病等。

(3)后期 破口期、齐穗期均要喷药防治穗颈瘟、纹枯病、三化螟等,抽穗后注意防治稻飞虱,以免造成穿顶,影响产量。杀菌剂,用瘟克星60克/667米^2,或纹霉清250毫升/667米^2。杀虫剂,用90%杀虫单40～50克/667米^2,或10%吡虫啉10克/667米^2,或每次每667平方米用乐斯本40毫升,对水60升喷施。成熟中后期要密切防治稻曲病,每667平方米用瘟格新60克或75%三环唑30克,对水60升喷施。

本田期可应用频振式诱杀虫灯防治害虫。如虫口密度太大时,可结合农药进行防治。

(三)注意事项

①晚稻天气条件好,施肥总量要适当增加,中后期的施氮比例也要适当增加。

②施肥总量要根据品种需肥性的不同适当增减,桂农占株型好,耐肥抗倒,可适当增加施氮量;天优998和玉香油占耐肥性较差,要适当减少施氮量。

③晚稻灌浆成熟期秋高气爽,光照充足,稻田不能过早断水。

④要切实抓好"送嫁药"和"破口药"这两个病虫害防治的关键时期。

第三章　长江中下游稻区
单季超级稻栽培技术

一、超级稻精确定量栽培技术(江苏省)

(一)适用范围与品种

本技术适用于江苏省沿江、太湖、苏中及安徽省淮北等地区的常规粳稻和杂交粳稻,种植方式为移栽。可选用的品种主要有武粳 15、宁粳 1 号、淮稻 9 号、徐稻 3 号和Ⅲ优 98 等,其他品种可参考使用。

(二)技术规程

1. 产量与生育指标　见表3-1,表3-2。

表 3-1　部分水稻品种目标产量及其构成因素

品　种	目标产量（千克/667 米²）	有效穗数（万/667 米²）	每穗粒数（粒/穗）	结实率（%）	千粒重（克）
武粳 15	650~700	21.0 (20.0~22.0)	140 (130~150)	90 以上	28.5 (27.0~30.0)
宁粳 1 号	650~700	22.0 (21.0~23.0)	125 (120~130)	90 以上	28.5 (28.0~29.0)
淮稻 9 号	650~700	20.5 (20.0~21.0)	135 (130~140)	90 以上	28.5 (28.0~29.0)

续表 3-1

品　　种	目标产量 （千克/ 667 米²）	有效穗数 （万/ 667 米²）	每穗粒数 （粒/穗）	结实率 （%）	千粒重 （克）
徐稻 3 号	650～700	24.0 (23.0～25.0)	125 (120～130)	90 以上	26.0 (25.0～27.0)
Ⅲ优 98	650～700	20.0 (19.0～21.0)	160 (150～170)	90 以上	25.0 (24.0～26.0)

表 3-2　不同生育期叶龄与茎蘖指标

品　　种	叶　龄			茎蘖数（万/667 米²）		
	移栽期	有效分蘖 终止期	抽穗期	基本苗	最高苗	有效穗
武粳 15	5～7	12	17.5～18.0	6～8	25～28	20～22
宁粳 1 号	6～8	＜12	17.0～18.0	8～10	25～29	21～23
淮稻 9 号	6～8	＜12	17	6～8	22～26	20～21
徐稻 3 号	5～7	＜12	17	8～10	28～32	23～25
Ⅲ优 98	5～7	＜12	17	5～7	21～26	19～21

2. 育秧　育秧可以采用旱育秧、湿润育秧,下面以旱育秧为例来介绍育秧方法。

(1)播种期确定　一般适宜的播种期,应根据品种播种至最佳抽穗期的天数来倒推。而在稻麦(油)两熟种植制度下,生产季节更为紧张,所以适宜播种期还必须综合各稻区其他前作及气候等基本生产要素来得出。近年多地、多点品种综合生产力的试验结果表明,武粳 15 在沿江太湖地区于 5 月 15～20 日前后播种;淮稻 9 号在淮北地区于 5 月 5～10 日播种;宁粳 1 号在沿江地区于 5 月 5～10 日播种;徐稻 3 号在淮北地区于 5 月 15～20 日播种;Ⅲ优 98 在苏中地区于 5 月 10～15 日播种。

(2)秧田准备　选择肥沃、疏松、背风向阳、排水方便、深厚的菜园或旱作地做苗床。苗床要求土层细碎、松软、平整。最好头年每 667 平方米施用经无害化处理的农家肥 2 000 千克,播种前 20 天,每 667 平方米施三元复合肥 20 千克、氧化钾 5～7 千克、过磷酸钙 20 千克,尿素 5～10 千克培肥苗床。若苗床前作为水稻,更要在秋冬精细耕翻碎土,提前培肥,有效地改良土壤结构与肥力。

(3)精量播种　武粳 15、淮稻 9 号、宁粳 1 号、徐稻 3 号等常规粳稻,每 667 平方米播种量 20～25 千克;Ⅲ优 98 等杂交粳稻,每 667 平方米播种量 10～12.5 千克。浸种前 1～2 天进行选种和晒种,选好的种子每 5 千克用 40% 强氯精 20 克加 25% 使百克 2 毫升加 10% 吡虫啉 10 克,对水 5 升浸种 48 小时;后换清水再浸 12～24 小时。催芽破胸露白后,将种子播种至整碎、整细和整平的苗床上,盖土压实后每 667 平方米用 60% 丁草胺乳油 80～100 毫升或丁恶合剂等封杀杂草。

(4)秧田管理　旱秧床土培肥达到要求的,一般不需追肥。苗床培肥达不到标准的,要重视追肥,一般在 3 叶期(2 叶 1 心期)追肥效果较好。每 667 平方米用尿素 4 千克,在晴好天气条件下,于下午 4 时后均匀浇施。在拔秧前 3～4 天,每 667 平方米施 8 千克尿素,促进发根。水分管理一般在齐苗揭膜后(2~3叶期),喷1次透水,达到5厘米土层水分饱和。4叶期至移栽前,必须严格控水,即使床面开裂,只要中午叶片不打卷,就不必补水;对中午卷叶的旱秧,在傍晚补水,使土壤湿润即可;移栽前1天,浇1次透水。秧苗3~5叶期和5月底前后,每667平方米用10%吡虫啉30~40克或5%锐劲特40~50毫升,加40%毒死蜱100毫升和50%卫农灭菌30~45克,防治一代灰飞虱成若虫,兼防白叶枯病。同时,注意对苗瘟和一代螟虫的防治,做到带药移栽。

3. 整田 在留高茬或秸秆全量还田的基础上,施有机肥于地表,上水将秸秆浸沉,然后施无机肥旋耕整平,田面高低相差不超过3厘米。基本要求为:田面平整,土壤膨化,土肥相融,无杂草残茬,田面呈泥浆状。

4. 移栽 适宜的移栽秧龄为30~35天,叶龄5~8叶。常规粳稻平均每株带蘖1个以上,杂交粳稻平均每株带蘖2个以上。经大量高产实践的验证,将目前生产上利用的超级粳稻品种的较适宜的基本苗与栽插规格见表3-3。

表3-3 部分水稻品种较适宜的基本苗与栽插规格

品 种	移栽规格	每667米² 穴数	每穴苗数
武粳15	26.7厘米×16.7厘米或30.0厘米×15.0厘米	1.5万	2
淮稻9号	26.7~28.3厘米×13.3厘米	1.7万~1.8万	2
宁粳1号	30.0厘米×13.3厘米	1.5万~1.8万	2
徐稻3号	26.7厘米×11.7~13.3厘米	1.9万~2.1万	2~3
Ⅲ优98	30.0厘米×13.3厘米	1.5万	1~2

5. 施肥　按斯坦福(Stanford)公式确定总施氮量,氮素施用量(千克/667 米^2) = (目标产量需氮量 - 土壤供氮量)/氮肥当季利用率。它的应用关键在于合理确定式中三个参数值。其中目标产量需氮量(千克/667 米^2) = 目标产量×百千克籽粒需氮量/100。

一般粳稻 667 平方米产量在 650～700 千克条件下,每 100 千克籽粒需氮量,常规稻为 2.1 千克,即需氮13.65～14.7 千克;土壤供氮量(千克/667 米^2) = 基础地力产量×无氮空白区的百千克籽粒需氮量/100。在中等偏上地力上,基础地力产量为 400 千克/667 米^2 左右,每100 千克籽粒需氮量 1.6 千克。因此,土壤供氮量一般为6.4 千克/667 米^2 左右。而氮肥当季利用率的确定,应根据高产栽培条件下(氮肥合理运筹)的氮肥利用率而定,一般为 42%。

通过多年、多点公式应用试验表明,超级稻品种高产栽培,每 667 平方米总施氮量一般在 17.0～18.0 千克,进行超高产栽培时总施氮量要提高到 20.0 千克/667 米^2,施五氧化二磷 5.0～6.0 千克/667 米^2,氯化钾 8.0～10.0 千克/667 米^2。其中磷肥全部作基施,钾肥 50% 作基施,50% 在倒四叶期施下。氮肥基蘖肥与穗肥的比例以 5:5或 5.5:4.5 较适宜。穗肥施用的具体时间和用量应根据苗情而定,对于无效分蘖期叶色正常落黄,高峰苗为预期穗数 1.2～1.3 倍的达标群体,穗肥于倒四叶期和倒三叶期,分 2 次施用最佳;对叶色落黄早、生长量小的群体可采取倒五叶期早施穗肥,并适当增加用量,并于倒四叶期或倒三叶期再用 1 次穗肥;对于无效分蘖期叶色较深而不褪淡,茎蘖数超过预期穗数 1.4 倍的大的群体,穗肥可推迟到倒三叶 1 次施肥,且用量要适当减少。

6. 水分管理 以浅水层(2~3 厘米)活棵,在 N-n-1 叶龄期(N 为总叶片数,n 为伸长节间数),当群体总茎蘖数达到穗苗数的 80% 左右(70%~90%)开始断水搁田。搁田效应发生于 N-n 叶龄期,被控制的是 N-n+1 叶龄期发生的无效分蘖。拔节至成熟期实行湿润灌溉,干干湿湿,保持土壤湿润、板实,满足水稻生理需水、增强根系活力。

7. 病虫草害防治 栽后 5~7 天使用 60% 丁草胺乳油 100~125 毫升或苄乙等,拌细土撒施,封闭灭草。

6 月 20 日前后是二代灰飞虱孵化高峰期,每 667 平方米用 10% 吡虫啉 40~50 克,或 5% 锐劲特 40~50 毫升,对水适量,喷雾防治灰飞虱若虫,间隔 7~10 天后,再喷 1 次。7 月 20 日前后,对稻飞虱、稻纵卷叶螟、二代三化螟等,每 667 平方米用 5% 锐劲特 30~50 毫升,对水适量,喷雾防治。

对纹枯病、稻瘟病,每 667 平方米分别用 20% 纹枯净粉剂 50 克,30% 稻瘟灵 100 毫升,对水适量,喷雾防治。8 月上旬,每 667 平方米用 25% 扑虱灵 30 克,加 90% 杀虫单 50~70 克对水,喷雾防治稻飞虱、稻纵卷叶螟、二代二化螟,并视害虫发生程度进行第二次用药。白叶枯病发生田块,每 667 平方米用 50% 卫农灭菌剂 30 克防治,间隔 7 天加防 1 次。在孕穗期至齐穗期,每 667 平方米用 20%

三环唑 100～120 克或 30% 稻瘟灵 100 毫升,加 20% 纹枯净粉剂 50 克,分 3 次喷雾,控制穗颈瘟和稻曲病,在破口期与齐穗期用药时,要加用锐劲特等药剂,防治稻纵卷叶螟、稻飞虱和三代三化螟等。

(三)注意事项

1. 培育壮秧 要强调留足秧田,苗床与大田的比例一般控制在 1:10～15。旱育秧追肥效果差,主要靠基肥,要重视苗床培肥,以有机肥和家畜粪肥为主。

2. 抗病品种 抗条纹叶枯病品种的选用,切实加强秧田期与大田前期对灰飞虱的防治。

3. 精确定量灌溉 一定要坚持开丰产沟(沟深 15～20 厘米)。搁田后,每次灌 3～4 厘米深的水,待稻田水耗至丰产沟沟底无水层时,再复灌如上深度的水层,周而复始,直至成熟前 7 天,切勿早断水。

二、超级稻机插栽培技术(江苏省)

(一)适用范围与品种

此技术适用于长江中下游地区,是稻麦(油)两熟制水稻稳定高产的机插栽培技术。苏南稻区适宜种植早熟晚粳品种,如武粳 15 和杂交粳稻如常优 1 号;沿江稻区适宜种植早熟晚粳品种如宁粳 1 号;里下河稻区种植常规粳稻如淮稻 9 号;淮北稻区种植常规粳稻如徐稻 3 号;其他稻区可根据所列超级稻品种参考使用。

(二)技术规程

1. 产量与生育指标　见表 3-4，表 3-5。

表 3-4　不同超级稻品种目标产量及其构成因素

品　种	目标产量 (千克/667 米²)	有效穗数 (万/667 米²)	每穗粒数 (粒/穗)	结实率 (%)	千粒重 (克)
武粳 15	650～700	21.0～22.0	125～135	90	28.0～29.0
常优 1 号	650～700	20.0～22.0	150～170	85	26.0～28.0
宁粳 1 号	650～700	23.0～24.0	105～120	90	28.0～29.0
淮稻 9 号	650～700	21.0～23.0	120～130	90	28.0～29.0
徐稻 3 号	650～700	24.0～26.0	110～125	90	25.0～27.0

表 3-5　不同生育期茎蘖数　(单位:万/667 米²)

品　种	基本苗	最高苗	有效穗
武粳 15	5～6	26～27	22～23
常优 1 号	3～4	26～27	20～22
宁粳 1 号	6～7	29～30	23～24
淮稻 9 号	5～6	29～30	21～23
徐稻 3 号	6～8	32～34	24～26

2. 育　秧

(1)播种期确定　机插稻播期首先应与当地种植制度相适应,要根据接茬时间(移栽期),确定高产品种的适宜机插秧龄,进而以适栽期与适宜秧龄两个因素来确定具体播期。以江苏省为例,目前以稻/麦(大麦或小麦)、稻/油菜茬口为主,在不同的茬口条件下,适宜播期大致如表 3-6。

表 3-6　江苏省不同茬口机插水稻适宜播种期　（单位:月/日）

地　区	茬　口	3 叶期移栽	4 叶期移栽
苏　南	油菜(大麦)	5/15 ~ 20	5/10 ~ 15
	小麦	5/20 ~ 25	5/15 ~ 20
苏　中	油菜(大麦)	5/15 ~ 20	5/10 ~ 15
	小麦	5/25 ~ 30	5/20 ~ 25
苏　北	油菜(大麦)	5/20 ~ 25	5/15 ~ 20
	小麦	5/30 ~ 6/5	5/25 ~ 30

(2)秧田准备　采用机械化播种需要干土,经碎土、过筛、拌肥,形成酸碱度适宜(pH 值 5 ~ 6)的营养土。每标准机插秧塑料硬盘,约需配制 4 千克左右的营养土做底土,底土加 0.25% 左右的三元复合肥,提前 3 天做好秧板,秧板宽 1.5 米、沟宽 0.3 米,每秧板横排铺 2 盘。要求糊平、沉实、无杂草。按秧田与本田 1:80 ~ 100 的比例安排秧田,每 667 平方米大田秧苗需 6 ~ 8 平方米秧田。

(3)精量播种　培育壮秧,适宜播量是关键。实践表明,播量过低,尽管秧苗个体指标得到优化,但群体指标远不能满足机插要求,漏插率高,基本苗不足,最终影响产量。播量过高,苗间通风透光差,苗高细弱,秧苗素质差。因此,播量的确定一定要符合培育机插壮秧的标准。常规稻一般适宜的落谷密度:秧龄为 3 叶的落谷密度 27 000 粒/米^2,4 叶的落谷密度为 22 000 粒/米^2。杂交稻的用种量要少得多,落谷密度一般要求成苗 1 ~ 2 株/厘米^2

最佳。

为提高种胚活力,迅速发芽,在浸种前选晴好的天气晒种2天。浸种前采用1:5的盐水选种,将选好的种子用清水洗净后,把施保克、浸种灵、水按1.5:1:5 000比例配成溶液,浸泡种子48小时,期间换1~2次清水,每天搅拌2~3次,以使种子获氧均匀。若遇高温天气、气温在32℃以上,要时刻关注种子的变化情况,很可能在浸种过程中出现发芽现象。如出现这种情况就不需要催芽,可将种子略晾干,直接播种。催芽的适宜温度为28℃~32℃,在90%的种子露白,谷芽不超过米谷长时播种。

(4)秧田管理 揭膜前保持盘面湿润不发白,缺水补水;揭膜后至2叶期前建立平沟水,使盘面湿润不发白,盘土含水又透气,以利于秧苗盘根。2~3叶期视天气勤灌跑马水,要前水不干后水不进,忌长期深水灌溉造成烂根。移栽前4天,灌半沟水蹲苗,以利于机插。

在秧苗1叶1心时应及时施断奶肥,以每盘2克尿素的用量于傍晚撒施。也可按每667平方米8千克尿素,对水1 000升浇施。施后要洒1遍清水,以防烧苗。栽前2天,每盘用尿素3克作送嫁肥,并确保及时栽插。

秧田期病虫害主要有稻蓟马、灰飞虱、立枯病、螟虫等。秧田期应密切注意病虫发生情况,及时对症用药防治。近年来水稻条纹叶枯病发生逐年加重,务必要做好灰飞虱的防治工作,可于1叶1心期,用吡虫啉2克有效成分,加水80升喷施。

3. 整田 机插秧大田整地质量要做到田平、泥软、肥匀。机插秧移栽时秧龄短,秧苗小,大田平整度要求高,全田高低落差不应超过 3 厘米。秸秆还田更要做到田面无秸草杂物,表土上细下粗,上烂下实。为防止出现壅泥,耕地整平后须沉实,沙质土沉实 1 天左右,壤土沉实1~2 天,黏土沉实 3 天,待泥浆沉淀后保持薄水(瓜皮水)机插。

4. 移栽　在长江中下游地区,以稻麦(油)两熟为主,生长季节较紧,机插水稻的秧苗为 3 叶 1 心的中苗,秧龄20 天左右为宜。

目前插秧机一般行距固定为 30 厘米(日本有 20 厘米的),株距可调。一般每 667 平方米栽插 1.45 万穴(1.388万~1.522 万穴)、1.65 万穴(1.587 万~1.709 万穴)、1.87万穴(1.85 万~1.899 万穴)。

应用凌启鸿提出的基本苗公式,并结合高产实践的验证表明,每 667 平方米,稻麦(油)两熟条件下的单季常规穗粒兼顾型粳稻品种插 1.6 万~1.7 万穴;穗数型品种插 1.8 万~1.9 万穴,每穴 2~4 苗。这两种类型的品种,每 667 平方米基本苗分别为 5 万~6 万及 6 万~7 万较好。每 667 平方米,大穗型杂交稻插 1.4 万~1.5 万穴,每穴 1~2 苗,基本苗 3 万~4 万为宜。

5. 精确定量施肥　机插稻精确施肥的重点是合理定量施氮肥,磷、钾肥的配合可按测土配方施肥比例而定,具体的定量方法参照前述的旱育秧手栽稻。生产实践证明,机插稻氮肥运筹合理的模式是基蘖肥 60%(其中基肥30%、蘖肥 70%),穗肥增加到 40%。

6.精确定量管水

(1)寸水栽插　水层深度1～3厘米,既有利于清洗秧爪,不漂不倒不空插,又具有防高温、蒸苗的效果。

(2)浅水护苗活棵　机插秧苗小,栽后应灌拦腰水护苗(水层厚度为苗高的1/3～1/2),以防高温炼苗。

(3)活水促蘖　活棵后即进入分蘖期,这时应浅水勤灌,灌浅水1～2厘米,使其自然露干。田面夜间无深水,次日上新水,即白天上水,夜间露田湿润的水浆管理,达到以水调肥,以水调气,以气促根、分蘖早生快发。

(4)及早轻搁田　机插分蘖势强,高峰苗来势猛,可适当提前至预计穗数80%时断水搁田,反复多次轻搁,搁至田中不陷脚,叶色褪淡落黄即可。

(5)薄水孕穗　水稻孕穗、抽穗期需水量较大,应建立浅水层,以保颖花分化和抽穗扬花。

(6)间歇灌溉　灌浆结实期间歇上水,干干湿湿,以利于养根保叶,防止青枯早衰。

7.病虫草害防治

(1)条纹叶枯病防治　若秧田发病重及移栽期灰飞虱虫量较高,则须在移栽后3天,连续用药2～3次,选用吡虫啉加巨雷加病毒钝化剂防治。

(2)纹枯病防治　发病初期用20%井冈霉素对水喷雾,本田期防治3～5次。

(3)稻瘟病防治　破口期用70%三环唑,或40%稻瘟灵乳油对水喷雾防治,连续防治2次。

(4)螟虫防治　在卵孵盛期用90%杀虫单粉剂对水

喷雾或泼浇。

（5）稻飞虱防治　在 2、3 龄若虫高峰期,用 25%扑虱灵或 10%吡虫啉对水喷雾。

（6）草害防除　机插稻秧苗小,缓苗期长,大田空间大,加之前期又以浅水层为主,光温水气等条件有利于杂草滋生。未进行机插前封杀杂草的田块,在栽插后 5~7 天,结合施返青分蘖肥,使用除草剂,化学除草后田间保持水层 5~7 天,水层以不淹没心叶为准。

（三）注意事项

1. 育秧与移栽的配套衔接　根据长江中下游地区,稻麦(油)两熟农时紧张的特点,要注意按茬口、品种生育期与温光资源的充分利用等条件,综合考虑播期及适宜秧龄,提早机插。同时,要严格地提高整地质量,以提高栽插质量。

2. 改进大田肥水管理　机插稻生育规律不同于手栽稻。例如,机插稻移栽后吸肥力弱,所以基肥的施入比例不需过大,只需占基蘖肥总量的 30%左右,70%应作分蘖肥。再如,机插秧苗小,若采取常规的深水护苗常会抑制发根,导致根系生长差,分蘖发生迟,甚至发生僵苗,故应采取湿润灌水技术。又如,机插稻中上部蘖位分蘖势猛,中期群体发展快,但其扎根浅,若采取常规的重搁田的方法,则会引起分蘖较大下降,出现分蘖成穗率低,穗数不足的现象,故应采取早搁、分次适度轻搁的方法。

三、超级稻(粳稻)直播栽培技术(浙江省)

(一)适用范围与品种

本技术规程适宜在浙江省杭嘉湖地区的单季粳稻上推广应用,可供长江流域其他稻区参考。适用品种为生育期适中的矮秆、耐肥、抗倒的高产杂交粳稻品种,如甬优1号、甬优6号和秀优5号等。适用的常规高产粳稻品种有秀水110和浙粳22等。

(二)技术规程

1.目标产量及产量构成因素 见表3-7,表3-8。

表 3-7 粳型超级稻品种的目标产量及构成因子

品 种	产 量 (千克/667米²)	穗 数 (万/667米²)	每穗粒数 (粒/穗)	结实率 (%)	千粒重 (克)
甬优 1 号	650～700	20～21	150	80	28.0
甬优 6 号	650～700	15～16	220	80	25.0
秀优 5 号	650～700	17～18	190	80	26.0
秀水 110	600～650	21～22	140	85	25.0
浙粳 22	600～650	21～22	150	80	24.5

2.播 种

(1)适期播种 超级粳稻直播的适宜播种期在6月上中旬,一般不迟于6月20日。

(2)精细整地 直播田播种前15天左右进行首次耕翻;播种前1周左右结合耙、耖,每667平方米施碳酸氢铵

20~30千克和过磷酸钙20千克。待泥沉实后,根据田块地势高低,每隔4~5米,开排水沟,同时沿四周开排水沟,以利于灌排畅通。耙平后,灌4~5厘米深的水,喷施丁草胺封杀杂草,保持水层至播种。

(3)种子处理　播种前晒种1~2天,先用清水筛选,除去清水中上浮种子。再用35%的恶苗灵200倍液浸种消毒2~3天,捞起在清水中洗干净,催芽,至种芽露白可播种。播种时,用35%好安威干拌种剂按每10克药剂拌1千克种子的比例拌种,防止稻蓟马和驱避麻雀、防止鼠害。

(4)精量播种　播种量根据种子的发芽率、成苗率及种植密度来综合考虑。一般每667平方米常规稻播种量3~5千克,杂交稻播种量1.5~2.0千克为宜。采用分畦定量,先播70%、后补30%的方法进行,确保均匀度。播后轻塌谷入泥,视天气情况使畦面保持半湿润状态或上浅水护芽。

3.杂草防除　针对杂草种群选择适宜的化学除草剂,采取以封杀为主的"一封、二杀、三补"的综合防除技术措施,全程控制杂草危害。在耕整前3~5天,对于前茬为冬闲田或杂草极易滋生的田块,应喷灭生型除草剂如草甘膦或百草枯等灭荒。播种后2~5天选用直播稻田芽前专用除草剂(如幼禾葆或新禾葆)进行重点封杀。2~3叶期,如封杀不佳,可用苄·二氯全田喷洒1次,次日上水,并保水3~5天。5叶期后,视苗情草情选用二甲四氯、千金或禾大壮等除草剂补杀。

4.施肥　根据稻田肥力情况确定施肥用量,一般直播稻每 667 平方米施纯氮量在 12 千克左右。以"前促、中控、后补"的原则施肥,即前期多施肥,促进稻苗早发,多分蘖,长大蘖;中期要少施肥,控制群体生长,防止无效分蘖发生,提高成穗率;后期要补施肥。此外,要增施有机肥和磷、钾肥,一般要求每 667 平方米施有机肥 750 千克,过磷酸钙 20.0 千克,氯化钾 7.5 千克。基肥宜采用全层施肥法,即结合稻田翻耕,使腐熟的有机肥分布于 10 厘米的土层中,并将 50% ~ 60% 的氮肥、100% 的磷肥、70% ~ 80% 的钾肥在耙田时 1 次施入,以促使根系向下伸长,有利于防倒伏。1 叶 1 心期和 4 叶期分别追施 1 次氮肥(占氮肥量的 30%),余下 10% ~ 20% 的氮肥和 20% ~ 30% 的钾肥作穗粒肥施用。为提高水稻抗倒伏能力,每 667 平方米增施 40 千克硅肥作基肥。

5. 水分管理 直播稻水分管理上要做到:出苗后至 3 叶 1 心期一般不灌水,保持土壤湿润直至畦面有细裂缝,3 叶期后建立浅水层,促进分蘖发生。至达到预定穗数苗时,及时排水搁田,由于直播稻根系分布浅,宜多次轻搁,重搁会拉断根系,影响结实;后期要干湿交替灌溉,切忌断水过早,防止早衰倒伏。

6. 病虫害综合防治 病虫防治应做到以防为主,农业防治与药剂防治相结合,重点做好二化螟、纹枯病和稻瘟病等的防治工作,确保高产。在一代二化螟虫卵孵化高峰至二龄幼虫期,每 667 平方米用 5% 锐劲特水剂 30 毫升,对水 45 升喷雾,药后保水 3 天以上,之后一般用锐劲特和三唑灵等药剂 1 周喷 1 次,根据病虫害预报,及时做好病虫害防治。穗分化期每 667 平方米用 30％爱苗乳油 15 毫升,对水 50～60 升喷雾防治纹枯病,防止直播稻叶片早衰。

(三)注意事项

①做好种子处理,用防雀剂拌种及匀播,防止鸟害和提高成苗率。

②生长中期及时排水控苗,控制群体,防止苗峰过大,穗型变小或倒伏。

③病虫害防治时间和所用农药应根据当地植保部门的病虫预报确定。

四、单季籼型超级稻集成栽培技术(浙江省)

(一)适用范围与品种

适用于浙江省及周边地区单季籼稻区籼型超级稻,种植方式为移栽。主要适用品种包括两优培九、中浙优 1 号、Ⅱ优 7954、协优 9308、内 2 优 6 号等,其他品种可参考使用。

(二)技术规程

1. 产量与生育指标　见表 3-8,表 3-9。

表 3-8　部分超级稻品种目标产量及构成因子

品　种	产　量 (千克/667 米²)	有效穗 (万/667 米²)	每穗粒数 (粒/穗)	结实率 (%)	千粒重 (克)
协优 9308	700	15.5	190	87	27.5

续表 3-8

品 种	产量 (千克/667 米²)	有效穗 (万/667 米²)	每穗粒数 (粒/穗)	结实率 (%)	千粒重 (克)
内 2 优 6 号	700	15.0	205	85	30.0
两优培九	700	16.0	190	85	25.5
中浙优 1 号	700	15.0	205	85	27.5
Ⅱ优 7954	700	16.0	185	85	27.0

表 3-9　不同生育期叶龄与茎蘖指标

品 种	叶 龄			茎蘖数(万/667 米²)		
	移栽期	有效分蘖 终止期	抽穗期	基本苗	最高苗	有效穗
协优 9308	5～6	12	17	4	20～25	15～18
内 2 优 6 号	5～6	12	16	4	20～22	15～18
两优培九	5～6	10	15	4	20～25	14～17
中浙优 1 号	5～6	12	16	4	20～24	14～16
Ⅱ优 7954	5～6	11	17	4	20～25	16～18

2. 育　秧

（1）播期的确定　在 5 月 25 日左右适时播种，秧龄 20 天左右移栽，避开台风季节。

（2）秧田准备　在播种前 1～2 周旋耕后灌水泡田。在播种期前 1 周耙平秧田，开沟做秧板。畦面的宽度一般为 150 厘米，沟宽 30 厘米。在开沟后，做好毛秧板时施肥，将畦面耥平。然后灌水上秧板，喷施除草剂（如丁草胺）封杀杂草，保持秧板 3～5 厘米水层至播种。

（3）精量播种　精选种子，稀播匀播，用清水或比重为 1.05 的盐水选种，然后用清水洗净，用 25% 施保克

2 500 倍液浸种,催芽。秧田播种量 7 千克/667 米²,本田用种量 0.7 千克/667 米²(选种后的种子),秧本比约为 1:10。

(4)秧田管理　采用生长调节剂,促进秧苗矮壮。在 1 叶 1 心时,每 667 平方米用 150 克 15% MET,加水 75 升用细喷头喷施。疏密补稀,在 3 叶期进行疏密补稀,实施匀苗。肥水管理,秧田每 667 平方米用 20 千克三元复合肥(N:P$_2$O$_5$:K$_2$O 为 15:15:15,下同)作基肥,撒施于毛秧板。2 叶 1 心期,每 667 平方米用 5 千克尿素促分蘖,随后视苗情,每 667 平方米施 5 千克左右尿素促平衡,移栽前 3~4 天,每 667 平方米用 8 千克尿素作起身肥。2 叶 1 心期前沟灌,以后上水浅灌,并保持秧板水层,秧板上水后切勿使秧板无水层,不然会造成拔秧困难,伤秧严重。病虫草害防治:播种塌谷后,用幼禾葆喷施秧板封杀杂草,并加吡虫啉防治稻蓟马。秧苗生长期间注意病虫害的发生和防治。移栽时带药下田。

3. 移栽　秧龄 20 天左右移栽。宽行稀植,插足基本苗数。栽前 1 个月干翻耕,晒垡。移栽前 1~2 天灌水,旋耕,然后耙平待移栽。移植密度 1.0 万 ~ 1.3 万丛/667 米²,规格 26~30 厘米×18 厘米。选择阴天或晴天下午浅插、匀插,种植密度及规格如表 3-4。拉绳种植,按株距插秧,确保密度。单株带蘖 2 个以上的每丛插 1 株,不足的插 2 株,确保落田苗在 5 万穴左右。插秧时留好东西向排水沟 1~2 条,以利于排水。

4. 施肥　总施氮量在 12 千克/667 米² 左右。基肥,每 667 平方米施 1 500 ~ 2 000 千克猪牛栏肥或饼肥 50 千克,钙镁磷肥40千克,氯化钾10千克,尿素7~10千克。基肥中的氮肥和钾肥作全层肥施用,磷肥作面肥施用。分蘖肥,在栽后5~6天,每667平方米施复合肥20千克和4千克尿素,并结合杂草防治,拌丁苄除草剂混施。分蘖中期,根据苗情施肥,促进全田生长平衡。在第一节间定长,倒三叶露尖时,根据田块苗情,每667平方米施10千克复合肥。后期根据水稻生长状况,适量施复合肥,花后结合病虫害防治,叶面喷施磷酸二氢钾溶液(浓度0.2%)。

5. 好气灌溉 灌浅水层(3厘米深)移栽活棵,到施分蘖肥时要求地面已无水层,结合施分蘖肥灌浅水层。然后,按田间有浅水层4~5天,无水层4~5天的周期灌水。期望有效分蘖终止叶龄期或提前1个叶龄期达到穗数苗。当苗数达到穗数苗数80%时开始轻搁田,采用多次轻搁田,控制最高蘖数为穗数苗的1.3~1.4倍。营养生长过旺时适当重搁田,控制苗峰。使最高苗数不超过22万~25万株。生长中后期采用干干湿湿,直至成熟。

6. 病虫草害综合防治 杂草防治,在施分蘖肥时,每667平方米拌丁苄1.5包施下。害虫防治,秧田重点防治稻蓟马,本田分蘖至抽穗重点防治螟虫、稻飞虱,抽穗后注意防治纵卷叶螟。病害防治,重点防治纹枯病,如遇台风应关注细条病和白叶枯病的发生和防治。

(三)注意事项

①移栽时不要把单株多蘖秧苗分开栽。
②田块大或排水不畅的应在搁田前开好丰产沟。

③病虫害防治时间和所用农药应根据当地植保部门的病虫预报确定。

五、籼型超级稻补偿超高产栽培技术(安徽省)

(一)适用范围与品种

该技术适用于长江中下游稻麦(油)一年两熟一季中籼稻地区,种植方式为移栽。主要适用品种包括两优培九、新两优6号、皖稻153等,其他品种如三系超级稻Ⅱ优明86、Ⅱ优航1号、D优527、Ⅱ优084、国稻1号、Ⅱ优7954、中浙优1号、内2优6号和两系超级稻准两优527、新两优6号、丰两优4号可参考使用。

(二)技术规程

1.产量与生育指标　见表 3-10,表 3-11。

表 3-10　不同水稻品种目标产量及其构成因子

组　合	产量 (千克/667 米²)	有效穗 (万/667 米²)	每穗粒数 (粒/穗)	结实率 (%)	千粒重 (克)
两优培九	700	17.5	190	85	27.0
新两优6号	700	16.5	200	85	28.0
皖稻153	700	18.5	200	85	25.0

表 3-11　不同生育期叶龄与茎蘖数指标

品　种	叶　龄			茎蘖数(万/667 米²)		
	移栽期	有效分蘖终止期	抽穗期	基本苗	最高苗	有效穗
两优培九	7~8	12	17	7.5	20~25	17~19
新两优6号	7~8	12	17	6~7	20~24	16~18
皖稻153	7~8	13	18	7.5	20~25	18~20

2. 补偿法培育壮秧　育秧可以采用旱育秧、湿润育秧,下面以旱育秧为例介绍育秧方法。

(1)播种期确定　适时早播,合理稀播,适当延长秧龄,增加对有限光温资源的利用。但早播补偿积温必须以壮秧为根本,且使秧龄符合生育进程与季节进程优化同步。一般5月5~15日播种,秧龄20~30天。

(2)秧田准备　选择肥沃、疏松、背风向阳、排水方便、土壤深厚的菜园或旱作地做苗床,苗床要求土层细碎、松软、平整。最好头年每667平方米施经无害化处理的农家肥2 000千克,播种前20天,每667平方米施复合肥(氮、磷、钾含量分别为15:15:15)25千克、氯化钾5千克、尿素5~10千克培肥苗床。

(3)精量播种　浸种前1~2天进行选种和晒种,选好的种子每平方米净苗床播种芽谷60克左右。选好的种子用4.2%浸丰乳油2毫升,对水5~10升浸种,时间24~36小时。催芽破胸露白即可摊晾备播。播前先将苗床整平,再喷洒清水,使0~15厘米土层处于水分饱和状态。将芽谷均匀撒播在床面上,用木板轻压入土。将预先准备好的过筛床土均匀撒盖在床面上,盖种厚度以不见谷粒为度,一般为 0.5 ~ 1.0 厘米,盖种后喷湿盖种土。在苗床上直接盖薄膜或起拱覆膜促齐苗,当膜内温度达到 35℃时,要及时揭膜通风,或在膜上加盖麦草等遮阴物降温。

(4)秧田管理 基肥:一般每 667 平方米施复合肥(氮、磷、钾含量分别为 15:15:15)25 千克,氯化钾 5 千克,尿素 5 ~ 10 千克。在 2 叶 1 心时,每 667 平方米施 5 千克尿素。在 4 ~ 5 叶期,根据秧苗生长状况施肥,生长较弱、叶色较差、分蘖较少的,每 667 平方米施 2.5 ~ 5.0 千克尿素;生长较旺的可不施。在拔秧前 3 天,每 667 平方米施 5.0 ~ 7.5 千克尿素作起身肥。水分管理:齐苗前保持床土相对含水量在 70% ~ 80%;齐苗后,根据天气适时揭去苗床上的覆盖物,并喷 1 次透水。齐苗至移栽前以控水控苗为主,中午出现卷叶须补水,可于傍晚一次补足。如在秧苗期降雨,则须盖膜并及时排干沟中积水,以防苗床进水。在播种前,每 667 平方米喷施 50% 杀草丹 300 ~ 350 克,或 40% 地乐胺 300 克除草。秧苗 2 ~ 3 叶期注意防治稻蓟马,每 667 平方米用 10% 吡虫啉 10 克,对水 20 升均匀喷雾;移栽前 5 ~ 7 天,每 667 平方米用 90% 杀虫单,或 Bt 乳剂进行防治,带药下田。

3. 移栽 秧龄 20 ~ 30 天移栽。在确定好基本栽插苗的基础上,按阔行窄株均匀栽插,以利于通风透光健康栽培。一般穗粒兼顾型品种栽插密度为 1.6 万 ~ 1.8 万穴/667 米^2,栽插规格:25 ~ 26.7 厘米 × 15 ~ 16.7 厘米,大穗型品种栽插密度为 1.5 万 ~ 1.6 万穴/667 米^2,栽插规格 26.7 ~ 30 厘米 × 15 ~ 16.7 厘米, 每穴 4 ~ 5 个茎蘖苗。

4. 施肥 总施氮量为每 667 平方米 13 ~ 15 千克, 五氧化二磷 6 千克, 氧化钾 12 千克(氮:磷:钾 = 3:1:3), 硫酸锌 0.5 千克, 二氧化硅 5 千克。施肥本着有机无机相结合, 氮、磷、钾、锌平衡施肥的原则, 精确定量, 合理配方, 重施基肥、减少分蘖肥、增施穗粒肥, 控制前期无效分蘖, 主攻大穗。基蘖肥与穗肥比例为 6.5 ~ 7:3.5 ~ 3。在基蘖肥中, 60% 的氮肥基施和面施(基肥中增加速效氮肥的比例), 40% 左右的氮肥在移栽后 5 ~ 7 天, 结合化学除草剂作促蘖肥;或将蘖肥在栽后 2 ~ 3 天内尽早施用。30% ~ 40% 的穗肥在倒四叶期施用, 以壮秆促大穗形成, 50% ~ 60% 的穗肥在倒二叶期施用, 可起保花促充实的作用。

5. 水分管理 合理科学地用水, 是水稻高产健身栽培的关键, 水稻生长期间湿润灌溉, 能有效地调节水稻植株器官生长和群体结构, 控制无效分蘖, 降低高峰苗数, 控制节间长度和改善冠层叶面积的分布状况, 塑造高光效的库源结构;并且能有效地协调土壤内肥、水、气、温之间的矛盾, 更新根系的生态环境, 提高根系活力, 增强抗逆能力, 因提高成穗率、结实率和千粒重而显著增产。尤其是生育后期采用"湿润灌溉"方法, 可增强群体活力和抗逆性、减缓高效叶面积下降速率, 有利于补偿群体光合势促进后期物质生产与积累。水稻田水分管理, 一般采用"薄水移栽, 寸水活棵, 浅水促蘖, 80% 够苗搁田, 干湿交替, 活熟到老"的原则, 前期薄水促蘖, 保持水深 3 厘米左右, 中期全田总苗数达到预期穗数 80% 时及时晒田, 将最高苗数控制在 25 万/667 米² 左右。抽穗前后半个月灌浅水养穗。后期间歇灌溉,养根保叶,活熟到老,收获前 7 天断水。

6. 病虫害防治　采取"预防为主,综合防治"的植保方针,以水稻为中心,从稻田生态系统出发,综合考虑有害生物、有益生物及其环境等多种因子;利用合理的农艺方法,选用抗病品种,实施健身栽培,选择合理茬口、轮作倒茬等措施,减轻或控制有害生物;协调农业防治、生物防治和无害化化学防治等治理措施,以获取最好的社会、经济和生态效益。

(1)分蘖期　重点防治稻纵卷叶螟、二化螟和叶瘟病。当稻纵卷叶螟百丛幼虫 100 头,每 667 平方米用 40% 丙溴磷 100 毫升,对水 40 升均匀喷雾。稻瘟病苗、叶瘟病叶率 10% 的稻田,加 75% 三环唑 60 克同时喷雾。二代二化螟根据病虫预报卵孵高峰期时,及时防治。

(2)孕穗期至灌浆期　重点防治稻纵卷叶螟、三化螟、稻飞虱、纹枯病和稻曲病。根据病虫预报,当三代三化螟达卵孵高峰期,每 667 平方米用 40% 三唑磷 70 毫升加 90% 杀虫单 60 克,对水 40 升均匀喷雾。稻纵卷叶螟百丛幼虫达 60 头,稻飞虱百丛虫量达 1 500 头,每 667 平方米用含量 20% 以上吡虫啉有效用量 4~5 克,加 90% 杀虫单 70 克,对水 40 升均匀喷雾。对鳞翅目、同翅目等害虫可以采用频振式杀虫灯诱杀。水稻纹枯病病丛率达 30% 时,每 667 平方米用 500 万单位井冈霉素粉剂 25 克,对水 50 升喷雾。病穗瘟和稻曲病破口前 7 天预防,每 667 平方米用 75% 三环唑 60 克或 40% 稻瘟灵 100 克,加 10% 真灵水乳剂 120 毫升,对水 40 升均匀喷雾;稻曲病重发年份于 7 天后,每 667 平方米再用 10% 真灵水乳剂 120 毫升补治 1 次。

杂草防治。进行农事操作时,应及时清除田埂及周边杂草,杜绝将田外杂草、草籽带入田内。以稗草、莎草为主要杂草的常规移栽田,水稻移栽后 4~7 天,每 667 平方米用 50% 苯噻草胺可湿性粉剂 40 克,拌细土撒施。以稗草、莎草、阔叶草为主要杂草的常规移栽田,水稻移栽后 5~7 天,每 667 平方米用 14% 乙苄可湿性粉剂 50 克,拌细土撒施。

(三)注意事项

根据适宜日平均气温来推算最佳抽穗期,确定适宜播种期。安徽省不同地区同一品种播种期存在差异,以两优培九为例,沿淮淮北 5 月 1~5 日,江淮中部为 5 月 5~10 日,江南为 5 月 10~15 日。

六、超级稻无盘旱育抛栽栽培技术(安徽省)

(一)适用范围与品种

该技术适用于长江中下游稻麦(油)一年两熟一季稻地区,种植方式为旱育(无盘)抛栽。主要适用品种包括丰两优 4 号、皖稻 153、Ⅲ优 98、武粳 15 等,其他品种如三系超级稻两优培九、新两优 6 号、Ⅱ优明 86、Ⅱ优航 1 号、Ⅱ优 084、国稻 1 号、Ⅱ优 7954、中浙优 1 号、内 2 优 6 号等和淮稻 9 号可参考使用。

（二）技术规程

1.产量与生育指标　见表 3-12，表 3-13。

表 3-12　不同水稻品种目标产量及其构成因子

组　合	产　量 (千克/667 米²)	有效穗 (万 /667 米²)	每穗粒数 (粒/穗)	结实率 (%)	千粒重 (克)
丰两优 4 号	700	16.0	190	85	28.0
皖稻 153	700	18.0	190	85	24.5
Ⅲ优 98	700	17.0	190	90	24.5
武粳 15	700	19.0	150	90	28.0

表 3-13　不同生育期叶龄与茎蘖数指标

品　种	叶　龄			茎蘖数(万 /667 米²)		
	移栽期	有效分蘖终止期	抽穗期	基本苗	最高苗	有效穗
丰两优 4 号	5 ~ 6	12	17	6.5	22 ~ 26	16 ~ 18
皖稻 153	5 ~ 6	13	18	6.5	22 ~ 27	17 ~ 19
Ⅲ优 98	5 ~ 6	13	18	7.5	22 ~ 27	17 ~ 19
武粳 15	5 ~ 6	14	19	7.5	23 ~ 28	19 ~ 20

2.旱育化控培育壮秧　育秧可以采用中大孔盘旱育秧，或无盘旱育秧。无盘旱育秧秧龄弹性稍大，便于茬口

安排。下面以无盘旱育秧为例来介绍育秧方法。

(1)播种期确定 适时播种,精量稀播。根据品种或组合特性安排适宜播种期和抛栽期,生育期在140天左右的超级稻,安排在5月5~15日播种。盘育抛秧秧龄均控制在3.5~4.5叶,苗高16~18厘米;无盘抛秧秧龄可延长至4.5~5.5叶,苗高控制在20厘米以内。

(2)苗床准备

①苗床选择与培肥:应选择土壤肥沃,疏松爽水,有机质含量1.5%~2.0%及以上,地下水位50厘米以下,排水方便,背风向阳,靠近水源和移栽本田,土壤呈弱酸性至中性的地点。根据条件,依次选用旱地、菜园地。菜园地以新菜地、未施用过草木灰的为宜,尽量不用水稻田。旱育秧田一旦选定,就要固定作专用苗床,建成育苗基地,切忌水旱轮作。

秋收后8~9月份,及早进行苗床培肥,每平方米施作物的碎秸壳(无病碎稻草、糠壳、菜籽壳、山区的枯叶等)等粗大有机物3~5千克、腐熟农家肥(不含草木灰)3千克、过磷酸钙0.25千克。采取分次投入,全层施到15~20厘米耕作层中,并保持土壤适宜水分以促进腐熟。若没经过秋培,则要春培补救,即利用冬前的堆肥,腐熟的人、畜粪等,春季在播种前20~30天,按上述标准等量施入。这样连续培育2~3年,形成"海绵"状专用苗床,有机肥的投入量即可适当减少。根据稻作类型所需的秧龄确定苗床与大田的比例,推算出备用的苗床面积。旱育小苗,苗床(净面积)与大田比为1:40~50,旱育中苗为1:30~40,

旱育大苗为 1∶20 左右。

②整地与施肥:经过秋冬或春季培育过的苗床,在土壤干燥的条件下全面翻耕耙碎,规划做畦、施肥。一般苗床的畦面宽 1.2～1.4 米,畦沟宽 0.4～0.5 米,畦长不超过 15 米,做到畦、腰、围三沟配套,便于操作。播前 10～20 天施肥,按每平方米苗床施硫酸铵 120 克、过磷酸钙 150 克、氯化钾 40 克,耕翻 3 次,均匀混入到 10～15 厘米土层中。切忌在播前 5 天内施用,以防止出现肥害烧根烧芽。没有硫酸铵的亦可用尿素代替,用量减半,但碳酸氢铵禁用。建议使用无盘抛秧剂,可以实行不催芽籽落谷,免除了催芽工序和避免发生烧芽的风险;同时,可以明显减少苗床浇水次数和浇水量,通过包衣将药剂消毒、浸种催芽、防病治虫、化学调控和浇水抗旱等多种复杂工序一次完成,节省了大量的生产成本。使用无盘抛秧剂应区别籼稻专用型和粳稻专用型,分别选用。

(3)种子处理　浸种前 1～2 天进行选种和晒种,将精选的稻种,在清水中浸泡 20 分钟至 12 小时,然后捞出,沥出多余水分,以稻种不滴水为准。按每千克种衣剂包衣 3 千克稻种的比例,将种衣剂置于圆底容器中,然后将浸湿的稻种慢慢加入容器内,进行滚动包衣,边加边搅拌,直至将包衣剂全部包裹在种子上为止。若使用水稻旱育秧专用的壮秧剂,则播种前的施肥就可改用旱育壮秧剂,按照产品说明书的要求施入即可。

(4)精量播种　播前先将苗床整平,再喷洒清水,使 0～15 厘米土层处于水分饱和状态;将芽谷均匀撒播在床面上,用木板轻压入土。将预先准备好的过筛床土均匀撒盖在床面上,盖种厚度以不见谷粒为度,一般为0.5~1.0厘米,盖种后喷湿盖种土。在苗床上直接盖薄膜,或起拱覆膜促齐苗,当膜内温度达到35℃时,要及时揭膜通风,或在膜上加盖麦草等遮阴降温。其他管理按旱育秧苗床管理的要求进行,与旱育壮秧剂配合使用效果更佳。

(5)秧田管理　苗期管理:播种至出苗期主要措施是保温保湿,以保证快出芽出齐芽。在保温条件下育秧,出苗前基本保持密封状态,膜内最高温度控制在35℃以内。出苗至1叶1心期,仍以保温保湿为主,但应将膜内最高温度控制在25℃以内,湿度也比出苗前低,以促根系下扎,控上促下,使根长与苗高比达到2:1。1叶1心期,中晚稻秧苗喷施多效唑。1叶1心至2叶1心期,此期是苗期管理的关键,主要措施是降温、控湿,注意通风炼苗。温度控制在20℃左右,叶片不蔫不浇水。2.5叶期追施"断奶肥",每平方米施硫酸铵50克、过磷酸钙40克,加水7.5升喷施,喷后淋清水洗苗。2叶1心期至移栽期,2.5~3叶期是对水分亏缺敏感时期,也是提高成秧率的关键时期,遇旱应适当补水,注意防寒,防止诱发青枯死苗。每平方米用70%敌克松粉剂2.5克,加水1.5升喷洒防止立枯病。3叶期后加强通风炼苗,逐步将薄膜四周全揭通风,并严格控水,促根下扎。移栽前1天,可结合追施"送嫁肥"浇1次透水。安徽省中、晚稻育秧期间虽不需保温,但仍要搭棚覆盖,目的是出苗前保湿(亦可秸秆覆盖),出苗后罩棚防雨。要使整个秧苗期都是在人为控制的旱地条件下生长,雨后要及时排除田沟积水,也不能让降雨淋到苗床增加过多的水分,造成秧苗徒长。苗期要始终坚持旱育,不可水旱交替,以保持旱秧移栽大田后的"暴发力"。

3. 均匀抛栽　超级稻秧苗抛栽密度的确定,一般要根据大田营养生长期的长短和生长量的大小以及分蘖利用率的高低,再结合高产预期穗数而定,也就是根据品种、特性、秧苗素质、土壤肥力、施肥水平、抛秧期的早迟及产量水平、栽培技术策略等多种因素确定。品种分蘖能力强,秧苗素质好,土壤肥力水平较高,施肥量大,抛秧期早,大田营养生长期较长的,可稀一些,反之,则应密一些。在肥力较高田块种植,中籼每 667 平方米抛栽 1.5 万~1.7 万丛(每平方米 23~25 丛),中粳每 667 平方米抛 1.6 万~1.8 万蔸(每平方米 24~26 丛)。

4. 施肥　总施氮量中籼为每 667 平方米 13~14 千克,中粳为每 667 平方米 14~16 千克,五氧化二磷 6 千克,氧化钾 12 千克(氮:磷:钾 = 3:1:3),硫酸锌 0.5 千克,二氧化硅 5 千克。施肥本着有机无机相结合,氮、磷、钾、锌平衡施肥原则,精确定量,合理配方,重施基肥、减少分蘖肥、增施穗粒肥,控制前期无效分蘖,主攻大穗。中籼基蘖肥与穗肥比例 7:3。在基蘖肥中,60% 的氮肥基施和面施(基肥中增加速效氮肥的比例),40% 左右的氮肥在移栽后 5~7 天结合化学除草作促蘖肥;或蘖肥在栽后 2~3 天内尽早施用;在穗肥中,20%~30% 的穗肥在倒四叶期施用,以壮秆促大穗形成,70%~80% 的穗肥在倒二叶期施用保花促充实。中粳基蘖肥与穗肥的比例为6:4。在基蘖肥中,60%的氮肥基施和面施(基肥中增加速效氮肥的比例),40%左右的氮肥在移栽后5~7天结合化学除草作促蘖肥;或蘖肥在栽后2~3天内尽早施用;60%~70%的穗肥在倒四叶期施用,以壮秆促大穗形成,40%~30%的穗肥在倒二叶期施用保花促充实。

5. 水分管理 合理科学地用水是水稻高产健身栽培的关键,水稻生长期间"湿润"灌溉,能有效地调节水稻植株器官生长和群体结构,控制无效分蘖,降低高峰苗数,控制节间长度和改善冠层叶面积的分布状况,塑造高光效的库源结构;并且能有效地协调土壤内肥、水、气、温之间的矛盾,更新根系的生态环境,提高根系活力,增强抗逆能力,提高成穗率、结实率和千粒重而显著增产。尤其是生育后期采用"湿润灌溉"方法,可增强群体活力和抗逆性、减缓高效叶面积下降速率,有利于补偿群体光合势促进后期物质生产与积累。水稻一般采用"薄水移栽,寸水活棵,浅水促蘖,80%够苗搁田,干湿交替,活熟到老"的原则。前期薄水促蘖,保持水深3厘米左右,中期全田总苗数达到预期穗数80%时及时提前烤田,将最高苗控制在高峰苗的1.3倍左右。抽穗前后半个月灌浅水养穗;后期间歇灌溉,养根保叶,活熟到老,收获前7天断水。

6. 病虫害防治 采取"预防为主,综合防治"的植保方针,以水稻为中心,从稻田生态系统出发,综合考虑有害生物、有益生物及其环境等多种因子;利用合理的农艺方法,选用抗病品种,实施健身栽培,选择合理茬口、轮作倒茬等措施,减轻或控制有害生物;协调农业防治、生物防治和无害化化学防治等治理措施,以获取最好的社会、经济和生态效益。

(1)分蘖期 重点防治稻纵卷叶螟、二化螟和叶瘟病。当稻纵卷叶螟百丛幼虫 100 头,每 667 平方米用 40% 丙溴磷 100 毫升对水 40 升均匀喷雾。稻瘟病苗、叶瘟病叶率 10% 的稻田,加 75% 三环唑 60 克同时喷雾。二代二化螟根据病虫预报卵孵高峰期时,及时防治。

(2)孕穗期至灌浆期 重点防治稻纵卷叶螟、三化螟、稻飞虱、纹枯病和稻曲病。根据病虫预报,当三代三化螟达卵孵高峰期,每 667 平方米用 40% 三唑磷 70 毫升加 90% 杀虫单 60 克对水 40 升均匀喷雾;稻纵卷叶螟百丛幼虫达 60 头,稻飞虱百丛虫量达 1 500 头,每 667 平方米用含量 20% 以上吡虫啉有效用量 4~5 克加 90% 杀虫单 70 克对水 40 升均匀喷雾。对鳞翅目、同翅目等害虫可以采用频振式杀虫灯诱杀。水稻纹枯病病丛率达 30% 时,每 667 平方米用 500 万单位井冈霉素粉剂 25 克对水 50 升喷雾。病穗瘟和稻曲病破口前 7 天预防,每 667 平方米用 75% 三环唑 60 克或 40% 稻瘟灵 100 克加 10% 真灵水乳剂 120 毫升对水 40 升均匀喷雾;稻曲病重发年份 7 天后每 667 平方米再用 10% 真灵水乳剂 120 毫升补治 1 次。

杂草防治,进行农事操作时,及时清除田埂及周边杂草,杜绝田外杂草、草籽带入田内。以稗草、莎草为主的常规移栽田,水稻移栽后 4~7 天,每 667 平方米用 50% 苯噻草胺可湿性粉剂 40 克,拌细土撒施。以稗草、莎草、阔叶草为主的常规移栽田,水稻移栽后 5~7 天,每 667 平方米用 14%乙苄可湿性粉剂 50 克拌细土撒施。

(三)注意事项

抛栽水稻的秧龄不宜太长,一般应适当控制在 20~25 天为宜,苗高 20 厘米左右。据适宜秧龄和让茬时间确定播种期。

七、单季超级稻免耕直播栽培技术(湖南省)

(一)适用范围与品种

超级稻—优质油菜免耕直播栽培技术,是指水稻收割后不经过土壤翻耕,直接播种油菜,或者油菜收割后直接播种超级稻的免耕直播栽培技术。适宜于在长江流域的一季晚稻生产中应用,也适宜与油菜复种条件下的超级稻生产应用。水稻前作为油菜,或者冬季休闲稻田,油菜前作为水稻。选用株叶型好、根系发达、生长旺盛、抗倒性较强、生育期较长、前期早发、增产潜力较大的超级稻品种。可供选择的有农业部认定的超级稻品种两优培九、Y 优 1 号和中浙优 1 号等。

(二)技术规程

1. 产量与生育指标　见表 3-14,表 3-15。

表 3-14　目标产量及产量构成因子

地　点	品　种	有效穗数（万/667 米²）	总粒数（粒/穗）	结实率（%）	千粒重（克）	目标产量（千克/667 米²）
平丘区	Y 优 1 号	19 ~ 20	145 ~ 150	82 ~ 83	26.8	600 ~ 660
	两优培九	19 ~ 20	150 ~ 155	81 ~ 82	26.5	600 ~ 660
	中浙优 1 号	20 ~ 21	140 ~ 145	82 ~ 83	26.7	600 ~ 660
山岗区	Y 优 1 号	22 ~ 24	130 ~ 135	87 ~ 88	27.5	700 ~ 770
	两优培九	22 ~ 24	135 ~ 140	87 ~ 88	27	700 ~ 770
	中浙优 1 号	23 ~ 25	125 ~ 130	87 ~ 88	27.5	700 ~ 770

表 3-15　不同生育期叶龄与茎蘖指标

品　种	叶　龄			茎蘖数(万/667 米²)		
	分蘖始期	有效分蘖终止期	抽穗期	3 叶期苗（定苗）	最高苗	有效穗
Y 优 1 号	4.7 ~ 5.1	8.5 ~ 8.9	15.1 ~ 15.5	3.5 ~ 4.0	36 ~ 40	17 ~ 23
两优培九	4.7 ~ 5.1	8.7 ~ 9.1	15.5 ~ 16.0	3.5 ~ 4.0	36 ~ 40	17 ~ 23
中浙优 1 号	4.7 ~ 5.1	8.7 ~ 9.1	15.5 ~ 16.0	3.5 ~ 4.0	37 ~ 40	18 ~ 24

2. 整田播种　整地要求在第一次免耕时,将田水排干进行化学除草。杂草较少时可人工拔除。若厢面高低不平,可在播种前灌浅水,用丁字耙粗糙整平;若前茬作物是油菜,在收获后,不翻耕土壤,仍然采用前作油菜分厢种植的方式,泡润土壤 2 ~ 3 天,做厢宽 160 厘米左右,沟宽 30 ~ 40 厘米。播种前要疏通环田沟、厢沟,做到田面无渍水。第二年则不经整地,直接在油菜茬田播种。适

时播种,均匀播种。前茬作物收割后立即播种。油菜田免耕直播适宜期为5月中旬。要求分厢定量播种,播种量与移栽稻差异不大,每667平方米用种量为1.5千克。播种前5~7天统一进行1次灭鼠。种子包衣,或者用杀虫杀菌剂拌种。种子包衣或种子丸化是减少苗期病虫鼠害及苗齐苗壮的重要保证措施,同时可促进水稻生长。如采用丸化剂丸化,不能浸种催芽,直接播种。采用包衣种子,播种前应浸种催芽。由于采用多功能水稻种衣剂包衣,出苗后25天内由于种衣剂本身含有杀虫剂和杀菌剂,不施农药可有效防治苗期病虫害,对老鼠有一定的驱避作用。以后应视情况及时用高效低毒或生物农药防治稻蓟马、螟虫和纹枯病等。如果没有种衣剂,也可用有关的杀虫杀菌剂拌种。移密补稀,匀苗间苗。在出苗后至4叶期及时间苗定苗,一般每平方米定苗55~60株。

3. 施肥 施肥原则是氮磷钾平衡和氮肥测苗施用。根据目标产量、土壤供肥能力和肥料养分利用率确定肥料用量。生产上既要注意氮肥、磷肥和钾肥的平衡施用,也要注意氮肥在前、中、后期的平衡施用。

早施苗肥,酌施穗肥。由于免耕直播,增强了土壤透气性能和根系活力,水稻后期落色好,表现出明显的抗早衰的特性。在4.5~5.5叶期每667平方米施尿素4~7千克作提苗肥,晒田覆水后如叶色较淡,每667平方米补施尿素3~5千克、氯化钾4~6千克作壮苞肥。

施肥时间和大致的施肥量范围见表3-16,但具体应用时应根据各地的土壤供肥情况,特别是因田间水稻生长情况,做到测苗定量施肥,即叶色深(叶色卡读数 4.0 以上)适当少施,叶色淡(叶色卡读数 3.5 以下)适当多施。由于目前还没有养分缓慢释放的复合肥,生产上应当提倡复合肥既作为基肥施用,又作为追肥施用,以提高肥料养分的利用率。

4. 水分管理 播种后保持厢面无水,有利于出苗和根系下扎,1.5~2.5 叶期间厢面灌浅水,以防肥料分解时遇高温烧苗,抽穗期做到厢面有水。其余时段除晒田控蘖外,坚持浅水勤灌,保持厢沟水不断,厢面干干湿湿。当每 667 平方米苗数达 27 万左右时及时晒田,促进根系下扎,防止倒伏。

表 3-16 超级稻(单季稻)施肥时间和施肥量 (千克/667 米²)

施肥时间	肥料种类	每 667 米² 目标产量	
		600~660 (千克)	700~770 (千克)
基肥,播种前 1~2 天	尿素	8~10	10~12
	过磷酸钙	50	60
	氯化钾	4~5	5~6
分蘖肥,播种后 21 天	尿素	5~6	6~7
	氯化钾	4~5	5~6
穗肥,7 月下旬*	尿素	5~6	6~7
	氯化钾	4~5	5~6
保花肥,抽穗前约 15 天	尿素	3~5	3~5
基肥,播种前 1~2 天	复合肥(NPK = 30%)	35	35

续表 3-16

施肥时间	肥料种类	每 667 米² 目标产量	
		600 ~ 660 (千克)	700 ~ 770 (千克)
分蘖肥,播种后 21 天	尿素	4 ~ 5	5 ~ 6
穗肥,7月下旬*	复合肥(NPK = 30%)	20	25
保花肥,抽穗前约 15 天	尿素	3 ~ 5	3 ~ 5

注:复合肥的用量要根据其养分含量确定,基肥尿素可以用碳酸氢铵代替

5. 病虫草害防治　苗期注意防治稻蓟马、象鼻虫,方法是把水放干,早上或傍晚施用乐斯本或三唑磷。一般前作冠层较大时,田间杂草不多,播种前不必除草。出苗后,若是以稗草为主的稻田,待水稻出苗后长至 2 ~ 3 叶期防除稗草及阔叶杂草,每 667 平方米用 60%丁草胺乳油或 60%新马歇特乳油 50 ~ 75 毫升于 1 ~ 1.5 叶期拌湿细土 10 千克均匀撒施,或者用 50%杀草丹乳油 300 毫升,于 1 ~ 1.5 叶期对水 30 升喷施;若是以稗草、莎草及阔叶草混生的直播田,每 667 平方米用 35%苄·二氯可湿性粉剂 15 ~ 30 克,对水 30 升于 2 ~ 3 叶期均匀喷施,或者用 50%禾苄可湿性粉剂 100 ~ 150 克,对水 30 升在播种后喷施,也可在 1.5 ~ 2 叶期喷施。其他病虫害防治措施同一季晚稻。

(三)注意事项

病虫害防治时间和所用农药应根据当地植保部门的病虫预报确定。

第四章　长江中下游稻区
双季超级稻栽培技术

一、早稻超级稻栽培技术（浙江省）

（一）适用范围与品种

本技术适用于长江中下游双季稻区早稻。种植方式为旱育秧，人工移栽。适宜选用品种：具有超高产潜力的耐肥抗倒超级早稻品种，如中早 22。中早 22 在早播早栽条件下，全生育期 116 天左右，株高 95 厘米左右，总叶片数 13 片，分蘖能力中等，抗稻瘟病，田间纹枯病较轻，抗倒伏能力强。其他早稻品种可参考使用。

（二）技术规程

1. 产量水平与生育指标　见表 4-1，表 4-2。

表 4-1　早稻品种的目标产量及其构成因子

品　种	产量 （千克）	有效穗 （万/667 米²）	每穗粒数 （粒/穗）	结实率 （%）	千粒重 （克）
中早 22	650～700	23～26	130	85	27

表4-2　不同生育期叶龄与茎蘖指标

品　种	叶　龄			茎蘖数(万/667米²)		
	移栽期	有效分蘖终止期	抽穗期	基本苗	最高苗	有效穗
中早22	4.5～5.0	7.5～8.0	13.0	4.5～5.0	30～35	23～26

2. 育秧技术

(1)播期确定　3月中下旬播种,采用旱育秧方法。秧本比1:25～30。营养土可用壮秧剂配置或直接用培肥后的苗床过筛细土。

(2)精量播种　选择疏松、肥沃、透气、地势较高、背风向阳、土壤酸碱度适宜的旱地或菜园地做苗床。每667平方米大田需旱育秧田面积25～30平方米。播种前晒种2天,风选剔除空秕粒。再用35%恶苗灵胶悬剂200倍液,浸种消毒2～3天,捞到清水中洗干净,催芽至种芽露白可播种。播种量为120～150克/米²。

(3)秧田管理　将2.2～2.4米长的竹片,按50厘米间隔插一根,插成拱架形,中央拱高40～45厘米,再盖膜,四周用泥土压严保温。秧田施肥每667平方米用纯氮9千克(只能是腐熟的农家肥和尿素),并加入适量过磷酸钙作基肥。苗床施壮秧剂100～120克/米²,均匀撒施于苗床厢面后翻混均匀。在3叶期每667平方米施纯氮5千克,对水追施。在搞好土壤的选择和培肥、调酸、消毒、控水这些技术环节的基础上,加强田间观察。一经发现立枯病、青枯病害的征兆,必须立即喷施敌克松500倍液防治。地下害虫与鼠害:播前 3 ~ 5 天投入毒饵于苗床四周灭鼠。旱育秧由于施有壮秧剂且秧龄期较短,杂草较少,一般不用防除。

3. 移栽　叶龄达到 4 ~ 5 叶期移栽。前作收获后及时腾田,清理田间杂物,泡水旋耕。精细整平,做到田平、泥绒、水浅。起苗时尽可能少损伤秧苗。采用 23 厘米 × 13 厘米宽行窄株种植,每丛栽 3 ~ 4 苗,浅插匀植。

4. 施肥　全生育期每 667 平方米用纯氮 12 ~ 14 千克,五氧化二磷 4.5 ~ 6.0 千克,氧化钾 7.5 ~ 10.0 千克施用。前作为蔬菜的,根据种植蔬菜时施用肥料多少的情况,确定基肥施用量。基肥在旋耕时施用,一般每 667 平方米用有机肥 1 000 ~ 1 500 千克,也可施用尿素 15 ~ 20 千克,过磷酸钙 40 ~ 50 千克,氯化钾 15 千克。氮肥按照基肥:追肥:减数分裂肥 6:3:1 的比例施用;磷肥 1 次基施,钾肥基肥和孕穗肥各施用 50%。

分蘖期追肥应分次进行。第一次施用的时间一般在移栽后 7 ~ 10 天进行,但量不能多。以后根据田间苗情和生长情况,灵活掌握是否进行第二次追肥。抽穗前,在减数分裂期(含大苞期)根据田间秧苗生长情况,每 667 平方米追施尿素 2.5 ~ 5 千克或等氮量复合肥。

5. 水分管理　插秧时基本无明水层;成活后保持薄水。分蘖期保持干湿交替,促进分蘖发生和生长。田间苗数达到穗数苗 90% 时开始晒田。晒田期比常规栽培的时间长,才能控制无效分蘖生长。幼穗分化二期后必须复水。在拔节至开花期,田间建立浅水层并保持至齐穗。

开花期至成熟期:齐穗后田间保持 20 天左右的浅水层。收获前 7～10 天排水,防止断水过早。

6.病虫害综合防治　配合第一次追肥,进行化学除草。螟虫采取一控二防的防治原则,选用锐劲特、阿维·三唑磷、三唑磷、杀虫单等高效低毒农药进行防治。由于田间群体大,秧苗生长旺盛,纹枯病容易滋生,生产上需要防治 2～3 次。稻瘟病应加强田间检查,一经发现,立即扑灭,选用三环唑、稻瘟灵、比丰等药剂防治。

(三)注意事项

①移栽深度要浅,可以直接把秧苗放在田面,根部入泥即可。

②栽后要做到浅水勤灌,既不能让秧苗因暴晒致死,又不能因水层过深使秧苗漂浮。

③加强对稻纵卷叶螟、二化螟等害虫的预防。

二、晚稻超级稻栽培技术(浙江省)

(一)适用范围与品种

本技术适用于长江中下游双季稻区晚稻栽培。种植方式为旱育秧或两段育秧,人工移栽。

适用品种:具有超高产潜力的耐肥抗倒超级晚稻品种,如内 2 优 6 号。内 2 优 6 号在早播早栽条件下,全生育期 132 天左右,株高 110 厘米左右,总叶片数 15～16片,分蘖能力中等,中抗稻瘟病,抗倒伏能力强。其他品种参考使用。

(二)技术规程

1. 产量水平与生育指标　见表 4-3，表 4-4。

表 4-3　晚稻目标产量及其构成因子

品种类型	产 量 (千克)	有效穗 (万/667 米²)	每穗粒数 (粒/穗)	结实率 (%)	千粒重 (克)
内 2 优 6 号	650~700	17~19	150	90	30

表 4-4　不同生育期叶龄与茎蘖指标

品 种	叶 龄			茎蘖数(万/667 米²)		
	移栽期	有效分蘖 终止期	抽穗期	基本苗	最高苗	有效穗
内 2 优 6 号	5~6	12	16	4	26	17~19

2. 育秧技术

(1)播种期确定　根据早稻茬口和晚稻品种生育期，一般在 6 月 10~12 日播种。

(2)精量播种　以旱育秧为例。秧本比 1:50~60。营养土可用壮秧剂配置或直接用培肥后的苗床过筛细土。种子处理：在播种前晒种 2 天，风选剔除空秕粒，再用 35%恶苗灵 200 倍液浸种消毒 2~3 天，捞起用清水洗干净，催芽，种芽露白可播种。播种量：130~150 克/米²。

(3)秧田管理　起拱盖遮阳网，将 2.2~2.4 米长的竹片，按 50 厘米间隔插 1 根，插成拱架形，中央拱高 40~45 厘米，再盖遮阳网。秧田施肥：每 667 平方米用纯氮 9 千克(只能是腐熟的农家肥和尿素)，并加入适量过磷酸钙作基肥。苗床施壮秧剂 $100 \sim 120$ 克/米^2,均匀撒施于苗床厢面后翻混均匀。要求寄秧田肥沃,基肥施足,在移栽前 $2 \sim 3$ 天,每 667 平方米施纯氮 5 千克作送嫁肥。秧田病虫管理:在搞好土的选择和培肥、调酸、消毒、控水这些技术环节的基础上,加强田间观察,一经发现立枯病、青枯病害的征兆,必须立即喷施 500 倍液的敌克松防治。地下害虫与鼠害:播前 $3 \sim 5$ 天投入毒饵于苗床四周灭鼠。草害的防除:旱育秧期由于施有壮秧剂且秧龄期较短,杂草较少。寄秧期应加强螟虫及稻蓟马等的防治。

3.移栽 早稻收获后及时移栽。整地时做到田平、泥绒、水浅。起苗时尽可能少损伤秧苗。采用 25.0 厘米 × 17.0 厘米宽行窄株种植,每丛栽 $1 \sim 2$ 苗,浅插匀植。

4.施肥 本田期按每 667 平方米用纯氮 $12 \sim 14$ 千克,五氧化二磷 $4.5 \sim 6.0$ 千克,氧化钾 $7.5 \sim 10.0$ 千克施用。前作为蔬菜的,可根据种植蔬菜时施用肥料多少的情况,确定基肥施用量。一般按照每 667 平方米用有机肥 $1\,000 \sim 1\,500$ 千克,或尿素 $15 \sim 20$ 千克,过磷酸钙 $40 \sim 50$ 千克,氯化钾 15 千克施用。氮肥按照基肥:追肥:减数分裂肥 5:3:2 的比例施用;磷肥 1 次基施,钾肥分基肥和孕穗肥按 1:1 的比例施用。旋耕时施用基肥。

分蘖期追肥应分次进行。第一次施用的时间一般在移栽后 $7 \sim 10$ 天进行,但量不能多。以后根据田间苗情和生长情况,灵活掌握是否要追第二次肥。抽穗前,在减数分裂期(含大苞期),根据田间秧苗生长情况,每 667 平方米施用尿素 5 千克或等氮量复合肥追肥。

5. 水分管理　插秧时基本无明水层；成活后保持薄水。分蘖期保持干湿交替，促进分蘖发生和生长。田间苗数达到穗数苗 90% 时开始晒田。晒田期比常规栽培的时间长，才能控制无效分蘖。幼穗分化二期后必须复水。拔节至开花期：田间建立浅水层，保持浅水层直至齐穗。开花期至成熟期：齐穗后田间保持 20 天左右的浅水层。收获前 7~10 天排水，防止断水过早。

6. 病虫害综合防治　配合第一次追肥，进行化学除草。螟虫、稻飞虱采取一控二防的防治原则，选用高效低毒农药防治。由于田间群体较大，纹枯病容易滋生，生产上需要防治 3~4 次。稻瘟病防治上，应加强田间检查，一经发现，立即扑灭，选用三环唑、稻瘟灵、比丰等药剂进行。

(三)注意事项

①栽后要做到浅水勤灌，既不能让秧苗因暴晒致死，又不能因水层过深使秧苗漂浮。

②强化螟虫、稻飞虱等的防治，特别是稻曲病的预防。

三、早稻超级稻配套栽培技术(江西省)

(一)适用范围与品种

适用于江西省连作早稻，翻耕移栽或抛栽。适宜早稻品种陆两优 996，其他早稻品种可参考使用。

(二)技术规程

1. 产量与生育指标　见表 4-5,表 4-6。

表 4-5　早稻目标产量及其构成因子

品　种	产　量 (千克/667 米²)	有效穗 (万/667 米²)	每穗粒数 (粒/穗)	结实率 (%)	千粒重 (克)
陆两优 996	600	20	130	85	28

表 4-6　不同生育期叶龄与茎蘖指标

品　种	叶　龄			茎蘖数(万/667 米²)		
	移栽期	有效分蘖 终止期	抽穗期	基本苗	最高苗	有效穗
陆两优 996	5	9	12	9	30	20

2. 育　秧

(1)播种期确定　3 月 20～25 日。

(2)秧田准备　秧田应选择背风向阳,土壤肥力中上,排灌方便、运秧方便的稻田。秧田每 667 平方米施腐熟粪肥 1 000 千克,3 月 5～15 日干耕水整,以达到上糊下松,并在 3 月 20 日前开沟做畦,一般畦长 10～15 米,畦面宽 1.5 米,畦沟宽 0.3 米,畦沟深 0.15 米,腰沟深 0.2 米,围沟深 0.25 米。

(3)精量播种　旱床育秧,播种量 60 千克/667 米²。播前晒种,晒种后先将种子预浸 12～24 小时,然后用强氯精 250～300 倍液浸种 12 小时,用清水冲洗干净后催芽。塑盘育秧的秧板宜瘦不宜肥,一般每 667 平方米基肥施用碳酸氢铵 30 千克,过磷酸钙 20 千克,氯化钾 10 千克,稠匀于秧板上,然后铺盘。秧畦做好以后即可摆盘。旱地秧床在摆盘前一定要浇透水。秧盘摆放要整齐、靠紧,钵体要入泥,不能悬空。每 667 平方米用 565 孔的专用塑料秧盘 45~48 片。催芽至破胸露白后,将种子播种至盘内,盖土压实后,每 667 平方米用 60% 丁草胺乳油 80~100 毫升,或丁恶合剂等封杀杂草。

(4)秧田管理　播种至出苗期以保温保湿为主,若膜内温度超过 35℃,及时通风降湿。出苗至 1 叶 1 心以调温控湿为主。2 叶 1 心时逐步通风炼苗,每平方米追施尿素 5~10 克作为断奶肥,对水 100 倍均匀喷施。2 叶 1 心期至移栽,要保持土壤湿润,加强炼苗,施送嫁肥,每平方米追施尿素 5~10 克。重点防治立枯病,每平方米秧床,用 20% 甲基立枯灵 1 克对水 0.5 升,或用 25% 甲霜铜粉剂 1 克对水 1 升喷雾。在 2~3 叶期用 36% 苄·二氯可湿性粉剂除草。

3.移栽或抛栽　在移栽前 15~20 天,对大田第一次整耕,以保证绿肥有足够的腐熟时间。移栽前 2~3 天在施用基肥的基础上第二次整耕。在移栽前 1 天第三次整耕。移栽秧龄 25 天。移栽密度与规格:2 万丛/667 米^2 以上,株行距为 13.3 厘米 × 23.3 厘米。

抛秧前开好田字沟,现耕、现整、现耙、现抛,灌好沟水,田面无明水抛栽。抛栽密度 2.2 万~2.4 万丛/667 米^2。可以先抛 80% 的秧苗,剩余 20% 补匀补稀,对过密过稀的地方做适当删密补稀处理。

4.施肥　本田总施氮量为 13 千克/677 米^2,其中基肥占总氮肥量的 50% 左右,分蘖肥占 20%(移栽后 5 天施用),穗肥占 30%(在倒二叶抽出时施用)。施五氧化二磷总量为 5 ~ 6 千克/667 米²,全部作基肥于移栽前施用。氧化钾总量为 12 ~ 13 千克/667 米²,其中 70% 作基肥,30% 作穗肥,于倒二叶抽出时施用。

5. 水分管理 移栽期至返青期,保持 1 ~ 2 厘米浅水;茎蘖数达到 15 万/667 米² 左右时晒田,控制无效分蘖发生;幼穗分化期复水并保持薄水层;抽穗后采取间歇灌溉。

6. 病虫草害防治 见表 4-7。

表 4-7 主要病虫害防治方法

病 虫	农 药	方 法
稻瘟病	40%瘟特佳或稻瘟灵	在穗分化期和破口抽穗期喷雾
纹枯病	30%爱苗	破口抽穗期喷雾,10 ~ 15 天后再喷 1 次
二化螟	5%锐劲特	分蘖期和破口抽穗期喷雾
稻纵卷叶螟	2.5%氯氟氰菊酯	分化期及抽穗前后喷雾

杂草防治可在栽后 5 ~ 7 天,用 14% 苄·乙可湿性粉剂防治。

(三)注意事项

秧龄尽量控制在 25 天以内。移栽密度一定要在 2 万蔸/667 米² 以上,抛栽一定要在 2.2 万丛/667 米² 以上。施足肥料。严防二化螟和稻纵卷叶螟以及纹枯病。

四、晚稻超级稻配套栽培技术(江西省)

(一)适用范围与品种

适用于江西省连作晚季,采用翻耕移栽或抛栽形式的稻田。适用品种淦鑫 688,其他连作晚稻品种可参考使用。

(二)技术规程

1. 产量与生育指标　见表 4-8,表 4-9。

表 4-8　晚稻目标产量及其构成因子

品　种	产　量 (千克)	有效穗 (万/667 米²)	每穗粒数 (粒/穗)	结实率 (%)	千粒重 (克)
淦鑫 688	600	20	150	85	24.5

表 4-9　不同生育期叶龄与茎蘖指标

品　种	叶　龄			茎蘖数(万/667 米²)		
	移栽期	有效分蘖 终止期	抽穗期	基本苗	最高苗	有效穗
淦鑫 688	6~7	11	16	9	34	20

2. 育　秧

(1)播种期　6 月 15~20 日。

(2)秧田准备　选择通透性良好、土壤疏松肥沃、腐熟程度高、排灌方便、运秧便利的稻田或旱地。精细整地做床,床长 10~15 米,床宽 1.7~1.8 米。整耕前,每 667 平方米施用腐熟的厩肥 1 000 千克,或生物有机肥 140 千克。整耕时,每 667 平方米施钙镁磷肥 30 千克,拌碳酸氢铵 25 千克、氯化钾 10 千克作面肥。

(3)精量播种 湿润育秧,播种量 8.1 千克/667 米^2,播前晒种,晒种后,先将种子预浸 12 小时,然后用 300 倍强氯精浸种 12 小时,用清水冲洗干净后催芽。

(4)秧田管理 播种后保持畦面湿润,出苗后保持浅水。基肥每 667 平方米施 56 千克纯氮。分蘖肥在 1 叶 1 心期每 667 平方米施 22.5 千克纯氮。起身肥在拔秧前 4 天每 667 平方米施用 1.5~2 千克纯氮。主要病虫草害防治:重点防治稻蓟马,可用 10% 吡虫啉可湿性粉剂对水喷雾防治。在 2~3 叶期用 36% 苄·二氯可湿性粉剂除草。

3.移栽 移栽秧龄 20~25 天。移栽密度与规格:1.8 万丛/667 米^2 以上,株行距为 26.7 厘米×13.3 厘米。稻草在还田后翻耕入土,再灌水沤田,促进稻草腐熟,腐熟后再翻耕,使田块平整。

4.施肥 总施纯氮量 15 千克/667 米^2,其中基肥占总氮肥量的 50% 左右,分蘖肥占 20%(移栽后 5 天施用),穗肥占 30%(在倒二叶抽出时施用)。施五氧化二磷总量为 6~7 千克/667 米^2,全部作基肥于移栽前施用。氧化钾总量为 13~14 千克/667 米^2,其中 70% 作基肥,30% 作穗肥,于倒二叶抽出时施用。

5.水分管理 移栽后保水 5~7 天,再结合分蘖肥和除草剂灌 3 厘米深的水层,自然落干后间歇灌溉。茎蘖数达到 13 万~14 万/667 米^2 时晒田,以控制无效分蘖的发生。幼穗分化期复水并保持薄水层。抽穗后采取间歇灌溉。

6.病虫草害防治 见表4-10。

表4-10 主要病虫草害防治方法

病虫害	农 药	方 法
细菌性条斑病	1%碘	分蘖后期喷雾防治,5~7天后重复1次
纹枯病	30%爱苗	破口抽穗期喷雾防治,10~15天后再喷1次
稻曲病	30%爱苗	破口抽穗期喷雾防治,10~15天后再喷1次
二化螟	5%锐劲特	分蘖期和破口抽穗期喷雾防治
稻纵卷叶螟	2.5%氯氟氰菊酯	分化期及抽穗前后喷雾防治
稻飞虱	10%吡虫啉可湿性粉剂 25%扑虱灵可湿性粉剂	结实期喷雾防治

注:杂草可在栽后5~7天,用14%苄·乙可湿性粉剂防治

(三)注意事项

秧龄以20~25天为宜。移栽密度在1.8万蔸(丛)/667米² 以上。施足肥料。严防二化螟、稻纵卷叶螟、稻飞虱,以及纹枯病、稻曲病和细菌性条斑病。

五、早稻超级稻"三定"栽培技术(湖南省)

(一)适用范围与品种

超级稻"三定"栽培技术,即定目标产量、定形态指

标、定技术规程的栽培技术,适宜在长江中游地区的双季早稻生产中推广应用。稻田前作可为绿肥或者水稻,也可为冬季休闲。可种植的超级早稻品种有:农业部认定的中熟偏早品种株两优 819 和迟熟品种中早 22,以及湖南省认定的迟熟品种陆两优 996。其他品种可参考使用。

(二)技术规程

1. 产量与生育指标　见表 4-11,表 4-12。

表 4-11　早稻目标产量及产量构成因子

品 种	有效穗数 (万 /667 米²)	总粒数 (粒/穗)	结实率 (%)	千粒重 (克)	目标产量 (千克/667 米²)
株两优 819	21～22	115～118	81～83	23.5	450～500
中早 22	19～20	122～125	80～82	27.5	500～550
陆两优 996	17～18	133～136	80～82	27.5	500～550

表 4-12　不同生育期叶龄与茎蘖指标

品 种	叶 龄			茎蘖数(万 /667 米²)		
	移栽期	有效分蘖 终止期	抽穗期	基本苗	最高苗	有效穗
株两优 819	5.5	8.3	12.1	4.5	30～33	21～22
中早 22	5.5	9.1	13.0	5.5	30～33	19～20
陆两优 996	5.5	8.9	12.7	4.0	28～31	17～18

2. 育 秧

(1)播期确定　播种期旱育秧和塑盘旱育秧为 3 月 20～25 日,秧龄 20～25 天;湿润育秧在 3 月底至 4 月初进行。

（2）秧田准备　根据不同育秧方法准备秧田。

（3）精量播种　种子处理：播种前要对种子进行消毒处理。可以先用强氯精浸种12小时，洗干净种子（由于早稻常有恶苗病危害，最好用脒鲜胺溶液浸种）后，再用清水浸种催芽。或者用早稻型种子包衣剂包衣后，浸种催芽。精量播种是培育带蘖壮秧的关键，要求种子发芽率90%以上。播种量，旱床育秧每平方米110~120克（杂交稻）或150~160克（常规稻）；塑盘旱育秧每盘30~35克（杂交稻）或45~50克（常规稻）；而大田用种量为2.0~2.5千克/667米^2（杂交稻）或3.5~4.0千克/667米^2（常规稻）。

（4）秧田管理　旱床秧田基肥，每667平方米可施25千克复合肥，在整地时施下。播种前，将多功能壮秧剂拌细土，于苗床上均匀撒施，或装塑盘。断奶肥在秧苗2叶1心期施用，一般每667平方米施尿素4~5千克。起身肥在拔秧前4天施用，一般每667平方米施4~5千克尿素。出苗前采用湿润灌溉，出苗后注意保温防冻，如果遇连续低温阴雨，要适时通风换气，防止病害发生。秧田选择：秧床选择背风向阳、排灌方便的稻田，以便在寒潮期间灌水护苗。早稻秧苗期的恶苗病、绵腐病等主要采用种子处理的方法防治，立枯病主要的防治方法是在寒潮期间灌水护苗。

3. 移栽　适宜移栽时间在播种后20~25天，或者在秧苗3.7~4.1叶期移栽或抛栽。移栽密度为每平方米30丛左右（每667平方米2.0万丛），每穴插2本苗。一般株行距为 20.0 厘米 × 16.7 厘米或 23.3 厘米 × 13.3 厘米。抛栽分 2 次进行,第一次抛 70% 左右,第二次抛 30%。抛栽后分厢留走道,厢宽约 3 米。

　　绿肥田的翻耕时期,既要考虑插秧季节,又要照顾绿肥产量和肥效。一般应于绿肥盛花期翻耕,泡田沤熟 10～15 天,再犁耙,至土壤平整后才能栽秧。冬干田要在前作收获后及时翻耕晒垡;开春时结合施基肥,再耕 1 次,晒数日后灌水泡田,随泡随耕,使土肥相融,耙平栽秧。冬水田在前季水稻收获后及时翻耕,翻埋残茬,泡水过冬,栽秧前浅耕细耙,耙平插秧。烂泥田则由于土壤团聚性差、土粒悬浮,且因土层深厚,犁耙次数应少,以免造成插秧后出现浮秧。烂泥田也可以采用半旱式栽培,以防出现僵苗。沙田宜少耙或不耙,防止因耙后泥沙分离,使土壤紧实,影响插秧后根系生长。

　　4. 施肥　施肥原则是氮、磷、钾肥平衡施用和氮肥后移。根据目标产量、土壤供肥能力和肥料养分利用率确定肥料用量,做到氮肥、磷肥和钾肥的平衡施用。其中,氮肥分基肥、分蘖肥和穗肥施用,一般基肥占 50%、分蘖肥占 20%、保花肥占 10%、穗肥占 20%。施肥时间和施肥量范围见表 4-13,做到测苗定量施肥,即叶色深(叶色卡读数 4.0 以上)适当少施,叶色淡(叶色卡读数 3.5 以下)适当多施。由于目前还没有养分缓慢释放的复合肥,生产上应当提倡复合肥既作为基肥施用,又作为追肥施用,以提高肥料养分的利用率。

表 4-13　推荐施肥时间和施肥量 （千克/667 米²）

施肥时间	肥料种类	目标产量	
		450 ~ 500	500 ~ 550
基肥,插秧前 1 ~ 2 天	尿素	9 ~ 10	11 ~ 12
	过磷酸钙	35 ~ 40	40 ~ 45
	氯化钾	4 ~ 5	5 ~ 6
分蘖肥,插秧后 7 ~ 10 天	尿素	4 ~ 5	5 ~ 6
穗肥,5 月 10 ~ 15 日 *	尿素	4 ~ 5	5 ~ 6
	氯化钾	4 ~ 5	4 ~ 5
保花肥,5 月 27 ~ 30 日	尿素	0 ~ 2	0 ~ 2
基肥,插秧前 1 ~ 2 天	复合肥（N、P、K 为 30%）	25	30
分蘖肥,插秧后 7 ~ 10 天	尿素	4 ~ 5	4 ~ 5
穗肥,5 月 10 ~ 15 日	复合肥（N、P、K 为 30%）	20	20
保花肥,5 月 27 ~ 30 日	尿素	0 ~ 2	0 ~ 2

注:其他复合肥的用量要根据其养分含量确定,基肥尿素可以用碳酸氢铵代替。洞庭湖平原区早稻应适量施用硫酸锌肥

5. 水分管理　间歇好气灌溉是指干干湿湿灌溉,即在灌水后自然落干,2 ~ 3 天后再灌水,再落干,直至成熟。在早稻生长期间,除水分敏感期和用药施肥时采用浅水灌溉外,一般以无水层或湿润露田为主,即浅水插秧活棵,薄露发根促蘖,每 667 平方米茎蘖数达到 18 万 ~ 20 万株苗时,开始多次轻晒田,以泥土表层发硬(俗称"木皮")为度。打苞期以后,采用干湿交替灌溉,至成熟前 5 ~ 7 天断水。

6. 病虫草害防治　拔秧前 3 ~ 5 天喷施 1 次长效农

药,秧苗带药下田。大田期要重点防治二化螟、纵卷叶螟和稻飞虱,认真搞好田间病、虫测报,根据病、虫发生情况,严格掌握各种病虫害的防治指标,确定防治田块和防治适期。一般可选用锐劲特、乐斯本、扑虱灵等。生产中可以对并发的病虫害同时进行综合防治。杂草的防除:每 667 平方米用丁苄 100～120 克,对水 30 升喷施。其他移栽稻除草剂,或者抛栽稻除草剂等,均可拌在肥料中,于分蘖期施肥时撒施,并保持浅水层 5 天左右防治杂草。

(三)注意事项

病虫害防治时间和所用农药应根据当地植保部门的病虫预报确定。

六、晚稻超级稻"三定"栽培技术(湖南省)

(一)适用范围与品种

超级稻"三定"栽培技术,即定目标产量、定形态指标、定技术规程的栽培技术,适宜在长江中游双季稻地区的连作晚稻生产中推广应用,也适合于前作为春玉米、春大豆或烤烟等作物的两熟制晚稻生产中应用。晚稻品种的选择,应根据早稻品种的成熟期确定,一般可选择中熟品种配迟熟品种,或者迟熟品种配中熟品种。可选择的超级晚稻品种有农业部认定的丰源优 299、赣鑫 688 和钱优 1 号等。

（二）技术规程

1.产量与生育指标　见表 4-14，表 4-15。

表 4-14　连作晚稻目标产量及产量构成因子

品　种	有效穗数 （万/667 米²）	总粒数 （粒/穗）	结实率 （%）	千粒重 （克）	目标产量 （千克/667 米²）
丰源优 299	16 ~ 17	135 ~ 138	80 ~ 82	29.5	500 ~ 550
赣鑫 688	17 ~ 18	140 ~ 143	80 ~ 82	26.5	500 ~ 550
钱优 1 号	16 ~ 17	140 ~ 143	82 ~ 84	27.0	500 ~ 550

表 4-15　不同生育期叶龄与茎蘖指标

品　种	叶　龄			茎蘖数（万/667 米²）		
	移栽期	有效分蘖 终止期	抽穗期	基本苗	最高苗	有效穗
丰源优 299	6.5	10.5	15.3	4.5	28 ~ 30	16 ~ 17
赣鑫 688	6.5	10.5	15.5	4.5	28 ~ 30	17 ~ 18
钱优 1 号	6.5	10.5	15.5	4.5	28 ~ 30	16 ~ 17

2.育　秧

（1）播期确定　湿润育秧适宜播种期,中熟品种在 6 月 20 ~ 23 日,迟熟品种在 6 月 15 ~ 18 日,秧龄不超过 30 天。塑盘旱育秧相应提早 2 ~ 3 天播种,秧龄 20 ~ 25 天。

（3）秧田准备　根据育秧方法准备秧田。

（3）精量播种　播种前进行种子消毒处理:可以先用强氯精浸种 12 小时后,洗干净种子,再用 80 ~ 100 毫克/升的烯效唑溶液,浸种 24 小时催芽后播种。也可先用种子包衣剂包衣,再浸种催芽后播种。精量播种是培育带蘖壮秧的关键。种子发芽率在 90% 以上,湿润育秧为 20

克/米^2,塑盘育秧 22～25 克/盘(353 孔/盘或 308 孔/盘),大田用种量约 1.5 千克/667 米^2,争取移栽前秧苗带蘖。

(4)秧田管理　秧田施肥:湿润育秧的秧田基肥每 667 平方米施 20 千克复合肥(氮 16%、五氧化二磷 6%、氢化钾 7%),在播种前 1～2 天,即在耙田或耘田时施入。塑盘育秧播种前,在装拌有多功能壮秧剂的营养土后播种。在秧苗 2 叶 1 心期,每 667 平方米施 5 千克尿素,促进分蘖发生和生长。拔秧前 4 天,每 667 平方米施 5 千克尿素,作起身肥。秧田管理:出苗前采用湿润灌溉。如果在播种前没有采用烯效唑溶液浸种,或者没有用包衣剂包衣的种子,出苗后 1 叶 1 心期,在秧厢无水条件下,每 667 平方米喷施 300 毫克/升多效唑(即,每 667 平方米秧田用 15% 多效唑 200 克,对水 100 升)溶液,喷施后 12～24 小时灌水,以控制秧苗苗高,促进秧苗分蘖。注意防治稻飞虱、稻瘟病、稻二化螟和稻蓟马等。

3.移栽　湿润秧适宜移栽时间在播种后 25～30 天,或者在秧苗 6～7 叶期移栽,秧龄期最迟不超过 30 天,即最迟在秧苗 8 叶期以前移栽,塑盘秧相应提早。在早稻收割后,每 667 平方米用克无踪 250 毫升对水 36 升,在无水条件下均匀喷施,杀除稻茬和杂草,在泡田 1～2 天软泥后抛栽。抛栽分 2 次进行,第一次抛 70% 左右,第二次抛 30%,抛栽后分厢留走道,厢宽约 3 米。

适宜移栽(或抛栽)密度为每平方米 25 穴左右(每 667 平方米 1.7 万丛),每穴插 2 本苗。一般株行距为 20 厘米 × 20 厘米。最好在每平方米不少于 25 穴的前提下,采用宽行窄株,即 23.3 厘米 × 16.7 厘米移栽,即行距可以适当增大,株距可以相应缩小。这样有利于控制株高,提高成穗率,减少纹枯病和其他病虫害的发生几率。早稻收割后可用旋耕机浅耕后耙平,或者用浦滚将泥土滚烂后耙平。如果采用抛秧栽培,收割后在田面无水层条件下,每 667 平方米用 20% 克无踪 250 毫升对水 36 升,喷施稻茬和杂草,泡水 2 天后直接抛栽。

4. 施肥　施肥原则是氮、磷、钾肥平衡和氮肥测苗施用。根据目标产量、土壤供肥能力和肥料养分利用率确定肥料用量。生产上既要注意氮肥、磷肥和钾肥的平衡施用,也要注意氮肥在前、中、后期的平衡施用。施肥时间和大致的施肥量范围见表 4-16,但具体应用时,应根据各地的土壤供肥情况,特别是田间水稻生长情况,做到测苗定量施肥,即叶色深(叶色卡读数 4.0 以上)适当少施,叶色淡(叶色卡读数 3.5 以下)适当多施。由于目前还没有养分缓慢释放的复合肥,生产上应当提倡复合肥既作为基肥施用,又作为追肥施用,以提高肥料养分的利用率。

表 4-16　超级稻(晚稻)时间和施肥量　(千克/667 米²)

施肥时间	肥料种类	目标产量 (500～550 千克/ 667 米²)
基肥,插秧前 1～2 天	尿素	10～11
	过磷酸钙	30～35
	氯化钾	4～5
分蘖肥,插秧后 7～10 天	尿素	4～5

续表 4-16

施肥时间	肥料种类	目标产量 (500~550千克/ 667米²)
穗肥,幼穗分化期	尿素	4~5
(在8月5~10日)	氯化钾	4~5
保花肥,抽穗前约15天	尿素	0~2
基肥,插秧前1~2天	复合肥(N、P、K=30%)	30
分蘖肥,插秧后7~10天	尿素	4~6
穗肥,幼穗化期	复合肥(N、P、K=30%)	20
(在8月5~10日)		
保花肥,抽穗前约15天	尿素	0~2

注:复合肥的用量要根据其养分含量确定,基肥尿素可以用碳酸氢铵代替

5. 水分管理 间歇好气灌溉是指干干湿湿灌溉,即在灌水后自然落干,2~3天后再灌水,再落干,直至成熟。在整个水稻生长期间,除水分敏感期和用药施肥时,采用间歇浅水灌溉外,一般以无水层或湿润灌溉为主,使土壤处于富氧状态,促进根系生长,增强根系活力。灌溉措施,可调节根系生长,提高肥料的利用率,提高结实率和充实度。采用浅水插秧活棵,薄露发根促蘖,在田面有水时施用分蘖肥和穗肥,达到以水带肥的目的。当茎蘖数达到计划穗数的85%时,或者当每667平方米茎蘖数达到20万苗左右时(约每穴10~12个茎蘖),开始多次轻晒田,以泥土表层发硬(俗称"木皮")为度,营养生长过旺的适当重晒田。打苞期以后,采用干湿交替灌溉,至成熟前

约 10 天断水。

6. 病虫草害防治　播种时用 35% 好安威拌种,能有效控制秧田期害虫的发生,在秧田期拔秧前 3 ~ 5 天喷施 1 次长效农药,秧苗带药下田。大田期要重点防治二化螟、纵卷叶螟和稻飞虱,认真搞好田间病虫测报,根据病虫害发生情况,严格掌握各种病虫害的防治指标,确定防治田块和防治适期,这对以上害虫的防治具有重要的意义。在农药的选择上,生物农药一般对目标害虫有较强的选择性,但速效性不是太好,一般可选用锐劲特、乐斯本、扑虱灵等。杂草的防治:每 667 平方米用丁苄 100 ~ 120 克,对水 30 升喷施。其他移栽稻除草剂,或者抛栽稻除草剂等,均可拌入肥料中,于分蘖期施肥时撒施,并保持浅水层 5 天左右防治杂草。生产中可以对并发的病虫害同时进行综合防治。

(三)注意事项

病虫害防治时间和所用农药应根据当地植保部门的病虫预报确定。

第五章 西南稻区超级稻栽培技术

一、超级稻强化栽培技术(四川省)

(一)适用范围与品种

本技术适用于四川盆地内平原与丘陵地区的早茬口稻田,包括冬闲田、绿肥田、蔬菜田、春马铃薯田以及蘑菇田。种植方式为塑盘旱地育秧,人工移栽。超级稻超高产强化栽培宜在水源充足、排灌方便、田面平坦、耕层深厚、保水保肥能力好的稻田进行。

适用品种:具有超高产潜力的耐肥抗倒品种,在四川省主要推广川香 9838 和 D 优 527 等组合。其中,川香 9838 品种特性如下:在早播早栽条件下,全生育期 155 天,株高 117 厘米,总叶片数 17 片,分蘖能力中等。中抗稻瘟病,田间纹枯病较轻,抗倒伏能力强。

(二)技术规程

1. 产量与生育指标 见表 5-1,表 5-2。

表 5-1 目标产量及其构成因子

品　　种	产　量 (千克/667 米²)	有效穗 (万/667 米²)	每穗粒数 (粒/穗)	结实率 (%)	千粒重 (克)
川香 9838	700	15.5	190	85	30

表 5-2　不同生育期叶龄与茎蘖指标

品　　种	叶　龄			茎蘖数(万 /667 米²)		
	移栽期	有效分蘖 终止期	抽穗期	基本苗	最高苗	有效穗
川香9838	3.5 ~ 4.5	10.5	17.0	1.3 ~ 1.5	24 ~ 26	15 ~ 16

2. 育秧技术

(1)播期确定　播种期为 2 月下旬(川东南冬水田)至 3 月中旬(川西平原)。

(2)秧田准备　采用旱育秧,以旱地塑盘育秧最佳。秧田每 667 平方米用纯氮 9 千克(只能是腐熟的农家肥和尿素),并加入适量过磷酸钙作基肥。苗床每 667 平方米用壮秧剂 20 千克,均匀撒施于苗床厢面后翻混均匀。秧本比例为 1:40 ~ 50。营养土可直接用培肥后的苗床过筛细土,营养土的总量按每 667 平方米大田 150 千克准备。先往塑盘的孔穴内填装 2/3 的营养土。

(3)精量播种　播种前晒种 2 天,风选剔除空瘪粒。再用 35%恶苗灵 200 倍液,浸种消毒 2 ~ 3 天,捞起在清水洗干净,催芽,至种芽露白可播种。手工或播种器向每穴内播种 1 ~ 2 粒。将播种后的塑料盘,平放在制备好(已经浇足底水)的苗床厢面上,盘间不留缝隙。倒上营养土盖种,将每穴装满,并用竹片赶平。最后用洒水壶浇淋 1 次透水。起拱盖膜,将 2.2 ~ 2.4 米长的竹片按 50 厘米间隔插 1 根,插成拱架形,中央拱高 40 ~ 45 厘米,再盖膜,四周用泥土压严保温。

(4)秧田管理　在 3 叶期对水追施,每 667 平方米施纯氮5千克。在搞好土的选择和培肥、调酸、消毒、控水这些技术环节的基础上,加强田间观察。一旦发现立枯病、青枯病害的征兆,必须立即喷施70%敌克松500倍液进行防治。播前3~5天,投入毒饵于苗床四周灭鼠。塑盘旱地培育3.5叶期的小苗秧,由于秧龄期短,杂草较少,一般不需防治杂草。

3.移栽 叶龄达到2.5~3.5叶期移栽。前作收获后及时腾田,清理田间杂物,泡水旋耕。精细整平,做到田平、泥绒、水浅。起苗时尽可能少损伤秧苗。采用35~40厘米×40厘米三角形条栽。先用绳子做好尺寸标记,按标记移栽。移栽时每穴栽3苗,苗间呈等边三角形分布,间距6~7厘米。将秧苗摆在泥面上即可,不要将秧苗摁在泥里太深。

4.施 肥

(1)总施肥量与基肥施用 全生育期按照每667平方米用纯氮12~14千克,五氧化二磷2.5~3.0千克,氧化钾5.0~7.5千克施用。前作为蔬菜的,根据种植蔬菜时施用肥料多少的情况,确定基肥施用量。一般按照每667平方米用有机肥1 000~1 500千克,或尿素15~20千克,过磷酸钙30~40千克,氯化钾15千克施用。肥田少施,瘦田多施。氮肥按照基肥:追肥:减数分裂肥6:2:2的比例施用。磷肥1次作基施,钾肥分基肥和孕穗肥按1:1比例施用。旋耕时施用基肥。

(2)追肥 分蘖期追肥应分次进行。第一次施用的时间一般在移栽后10~15天进行,但量不能多。以后根据田间苗情和生长情况,灵活掌握是否进行第二次追肥。抽穗前,在减数分裂期(含大苞期),根据田间秧苗生长情况,每 667 平方米施用尿素 2.5~5 千克追肥,生长过旺田块可不施。

5. 水分管理 插秧时,稻田要基本无明水层,成活后保持薄水。分蘖期保持干湿交替,促进分蘖发生和生长。田间苗数达到 16 万苗时开始晒田。晒田期比常规栽培的时间长,才能控制无效分蘖。幼穗分化二期后必须复水。拔节至开花期田间建立浅水层,并保持至齐穗。齐穗后田间保持 20 天左右的浅水层。收前 7~10 天排水,防止断水过早。

6. 病虫草害综合防治 配合第一次追肥,进行化学除草。二化螟采取压一控二的防治原则,重点防治二代二化螟,选用锐劲特、阿维·三唑磷、杀虫单等高效低毒农药进行防治。

由于采用强化栽培技术,田间群体大,秧苗生长旺盛,株内茂密的特点,纹枯病容易滋生,生产上需要防治 2~3 次。

稻瘟病应加强田间检查,一经发现,立即扑灭。可选用三环唑、稻瘟灵、比丰等药剂进行防治。

(三)注意事项

①移栽深度要浅,可以直接把秧苗放在田面,根部入泥即可。

②栽后要做到浅水勤灌,既不能让秧苗因暴晒致死,又不能因水层过深使秧苗漂浮。

③要多预防 1 次稻苞虫、黏虫等的危害。

二、超级稻免耕移栽栽培技术(四川省)

(一)适用范围与品种

本技术适用于四川盆地内平原与丘陵地区,稻麦(油菜)两熟种植制度下的一季中籼杂交稻。种植方式为无盘旱地育秧或塑盘旱地育秧,人工移栽。免耕栽培宜在水源充足、排灌方便、田面平坦、耕层深厚、保水保肥能力好的稻田进行,高塝望天田和浅、瘦、漏的沙质浅脚田不适宜作免耕栽培。

适用品种有农业部认定的下列 11 个超级稻品种和四川省认定的 1 个超级稻品种。

农业部认定的,四川省选育的三系杂交稻 8 个:D 优 527、协优 527、Ⅱ优 162、Ⅱ优 7 号、Ⅱ优 602、一丰 8 号、金优 527 和内 2 优 6 号;省外选育的品种有 3 个:Ⅱ优航 1 号、Q 优 6 号和Ⅱ优 084。四川省认定品种 1 个:川香 9838。

(二)技术规程

1. 产量水平与生育指标　见表 5-3,表 5-4。

表 5-3　部分水稻品种的目标产量及产量构成因子

品 种	产量水平 (千克)	有效穗 (万 /667 米²)	每穗粒数 (粒/穗)	穗实粒数 (粒/穗)	结实率 (%)	千粒重 (克)
Ⅱ优 7 号	600	15.5	170	150	88	27.5
川香 9838	650	14.5	195	156	80	30.0

表 5-4 不同生育期叶龄与茎蘖指标

品 种	叶 龄			茎蘖数(万/667 米²)		
	移栽期	有效分蘖终止期	抽穗期	基本苗	最高苗	有效穗
Ⅱ优 7 号	5.5~8	11~12	16.5	6.5~8.5	24~26	15.0~16.5
川香 9838	5.5~8	11~12	17.5	6.5~8.8	23~25	14~15

2.育秧技术 免耕栽培必须强调旱地育秧,苗床地应选择偏黏重的壤土,不能选择沙土。播种要均匀,并适当稀播,以增加秧苗带土量。

(1)无盘旱地育苗技术要点

①播期确定:播种期为 3 月下旬(川中丘陵)至 4 月上旬(川西平原)。

②秧田准备:苗床地应建在肥力较高、土质偏黏的壤土内,沙土不能作苗床。

③精量播种:每 667 平方米播种量 1.0~1.2 千克。培育 3.5 叶期移栽的小苗,每平方米净苗床的播种量为 200 克芽谷。5 叶期左右移栽的中苗播 150~180 克芽谷/米²。8 叶期左右移栽的大苗则播 30~50 克芽谷/米²。

播种前晒种 2 天,风选剔除空瘪粒。再用 35%恶苗灵 200 倍液,浸种消毒 2~3 天,捞起在清水中洗干净,装入筐里覆盖薄膜催芽,种芽露白可播种。播前 3~5 天投入毒饵于苗床四周灭鼠,在苗床施基肥时,每平方米加入呋喃丹 1~3 克混入床土,可有效地杀灭蝼蛄、蛴螬等地下害虫。若事先未用药,亦可用敌杀死喷雾杀灭。播种前浇足底水、混匀化肥。播种后覆土以不露种子为度。

采用"壮秧剂"等床土调理剂或"旱育保姆"包衣剂培育抛秧秧苗,其操作可按产品说明书进行。

④秧田管理:1.5 叶期以前保温保湿、1.5~2.5 叶期控水、2.5 叶期以后补水补肥。

在搞好土的选择和培肥、调酸、消毒、控水这些技术环节的基础上,加强田间观察,一经发现立枯病、青枯病害的征兆,必须立即喷施敌克松 500 倍液进行防治。

培育 3.5 叶期左右的秧苗,由于播量大,秧龄期短,杂草较少。但是培育中大苗的旱育秧苗床,播量低,秧龄期长,且肥水充足,杂草较多,有效防除措施是人工拔除和化学除草。

(2)塑盘育秧技术要点

①播期确定:播种期为 3 月下旬(川中丘陵)至 4 月上旬(川西平原)。

②秧床准备:播前 7 天,采集土质肥沃、无杂草籽的黏土和腐熟的农家肥,分别晒干捣碎,过孔径 5~7 毫米的筛子,按黏土与农家肥 4:1 的比例配成床土。再按每 100 千克床土加入 2.5 千克壮秧剂的比例,拌匀制成营养土备用。

苗床做成宽度为 130 厘米左右,苗床间留 30 厘米宽、10 厘米深的作业沟。苗床要在播种前 1 天做好。苗床长度可按以下公式计算:

苗床长度(米) = 软盘的宽度(米) × 软盘数量 ÷ 2

③播种:播种期比当地常规生产播种期应推迟 7 天左右。

播种前晒种 2 天,风选剔除空瘪粒。再用 35% 恶苗灵 200 倍液,浸种消毒 2~3 天,捞起在清水中洗干净,装入筐里覆盖薄膜催芽,至种芽露白可播种。

用于免耕移栽的塑盘,宜采用孔径较大的型号,如 351 孔的秧盘,每 667 平方米本田准备 45~50 个秧盘。在秧床上平放钵体软盘,要求逐个紧挨、对齐有序地摆放。秧床边缘 5 厘米范围内留出空间,不摆放钵体软盘。

人工撒播或用播种器播种均可,但每孔只能播种 1~1.5 粒种子。播种前先在钵体软盘中撒入占其 2/3 高度的营养土,用木板刮平盘面的土。根据播种的盘数称量种子,反复多次均匀撒在所有的盘中,然后撒营养土盖种,并将盘面泥土清扫干净,防止秧苗串根。

播种后用大木板压盘,用力要均匀,使秧盘嵌入土中并与土壤充分接触。要做到盘面平整。

④秧田管理:均按旱地育秧技术执行。但是为防止塑盘育苗的秧苗徒长,促进分蘖和矮壮,必须采用化学调控措施。秧苗 2 叶 1 心时,每 10 平方米用 15% 多效唑 1.5~2 克,对水 700~1000 毫升喷施。培育 7 叶期以上的大苗苗床,可在 4 叶期再喷施 1 次。

3. 本田准备　前作(小麦或油菜)齐泥收割,并将前作秸秆全部移出田外或沟埋入田。沟埋入田是将秸秆埋置于预先做好的厢沟内,并使其腐烂还田。在前作播栽前,下湿田按厢宽 2 米,沟宽 0.25 米,沟深 0.3~0.4 米开沟做厢;排水较好的田块,按厢宽 4 米,沟宽 0.25 米,沟深 0.3~0.4 米开沟做厢。厢沟格局保持不变,夏季用于埋置前作秸秆,冬季用于小麦(油菜)生产排湿。田面清理后,若杂草较多,可用化学除草剂除草 1 次。在秧苗移栽前,不翻耕大田,但要深水泡田 24 小时以上。

4.移栽

(1)移栽叶龄　旱地育秧的育苗期可长达 50 天,叶龄达到 7 叶期以上。但是塑盘育秧的播种密度大,单株营养面积局限在盘孔之内,秧龄则以 30 ~ 40 天为宜。前作的生育期受成熟阶段的气候影响较大,年度间的差异可达 1 周以上,同时水稻移栽也受当时水源条件的制约。因此,稻麦两熟条件下的水稻秧龄变动较大。原则上,只要本田准备完成就可移栽,且越早移栽越有利于水稻高产。

(2)密度与规格　划行打孔的密度为 26.7 厘米 × 16.7 厘米,每 667 平方米打孔 15 000 个。待田间持水量为饱和状态时,开始用间距为 16.7 厘米的打孔器在田面打孔。边打孔边移栽,每个孔中移栽 1 株(含分蘖 4 ~ 8 苗)带土的秧苗。

5.肥水管理

(1)水浆管理　移栽后,要做到浅水勤灌,既不能让秧苗暴晒失水致死,又不能因水层过深使秧苗漂浮。立苗成活后的水浆管理同一般大田生产。注意够苗晒田和在幼穗分化期、抽穗灌浆期保持水层。收割前不能断水。

(2)肥料管理　氮肥主要在前期施用,每 667 平方米施纯氮 8 ~ 10 千克,其中基肥施 70%。基肥氮肥在泡田 2 天后与过磷酸钙 20 ~ 25 千克、氯化钾 8 ~ 10 千克一起撒施。其余 30% 的氮肥用于分蘖期追施。栽后 15 天内施用分蘖肥,氮肥占总施氮量的 25%~30%。视田间长势决定穗粒肥是否施用,以及施尿素数量。

6.病虫草害防治

(1)化学除草　待全田秧苗基本直立,结合施肥使用除草剂。各药剂按说明书施用。

(2)害虫的物理防治　每667平方米稻田,每50米安装一盏频振式杀虫灯,诱杀成虫,减少喷农药。

(3)稻瘟病的防治　当稻瘟病的中心病团出现时,每667平方米用 20%三环唑可湿性粉剂 100~125 克,或30%稻瘟灵乳油 70~100 克,对水 50 升喷雾防治。

(4)稻纹枯病的防治　在水稻分蘖至孕穗期、抽穗期、齐穗期,当分蘖期丛发病率在 15%~20%、孕穗期30%以上时,每667平方米用5%井冈霉素水剂200~250毫升,对水 50 升喷雾 1~2 次。

(5)二化螟的防治　在稻苗枯鞘高峰期,每667平方米用5%锐劲特水剂 30~40 毫升,或20%三唑磷乳油 100毫升,对水 50 升喷雾。

(三)注意事项

①免耕田的关键在于泡田,必须等土壤松软后才可打孔移栽。

②如果田面不平,必须在泡田过程中平整田面。

③移栽时应直接把秧苗插(放)入孔中,以便根部吸水,迅速返青(成活)。

第六章 东北稻区超级稻栽培技术

一、寒地超级稻栽培技术（黑龙江省）

（一）适用范围与品种

本技术适用于黑龙江省第三积温区稻区。适宜该区的品种有龙粳14等超级稻品种，其他品种可参考使用。

（二）技术规程

1. 产量与生育指标 见表6-1，表6-2。

表6-1 目标产量及其构成因子

品　种	目标产量 （千克/667米²）	有效穗数 （万/667米²）	穗实粒数 （粒）	千粒重 （克）
龙粳14	700	36～37	80	25

表6-2 不同生育期叶龄与茎蘖指标

品　种	叶　龄			茎蘖数（万/667米²）	
	移栽期	有效分蘖 终止期	抽穗期	基本苗	最高苗
龙粳14	3.2～3.5	7	11	6.5	40～42

2. 育　秧

（1）播种期 4月10～20日。

（2）秧田准备 开春后翻耕，床面要平整、打碎，每667平方米大田需要准备15平方米秧田，施壮秧剂1.25

千克,拌底土 250～300 千克于 12～15 平方米苗床地。

(3)精量播种　播种量机插盘每盘芽谷 100～120 克,手插苗每平方米播芽谷 200～250 克,采用机械播种,达到均匀一致。播种后及时拍压种子,使种子三面入土,用过筛细土覆盖 0.5～1 厘米,覆土要均匀一致,不露出种子。

(4)秧苗管理　覆土后,用高效低毒安全的 90% 杀草丹封闭灭草,每 100 平方米苗床用 40～50 毫升,对水 5～6 升喷雾。播种覆土后,在床面平铺地膜,出苗后立即撤掉。根据棚的大小,采用整幅覆盖或宽窄两幅单侧开闭式覆盖。覆后要及时拉好防风网带,大棚要设防风障。

3. 移　栽

(1)整田　水整地。

(2)秧龄　3.2～3.5 叶期移栽。

(3)密度与规格　手插秧以 30 厘米 × 10 厘米为主,每丛 2～3 株基本苗。机插秧以 30 厘米 × 13 厘米为主,每丛 3～4 株基本苗。

4. 施肥　每 667 平方米总施肥量为 15 千克,氮、磷、钾肥配比为 10∶4∶5,其中,每 667 平方米施纯氮 8 千克,五氧化二磷 3 千克,氧化钾 4 千克。磷肥全部用作基肥,氮肥按基肥∶分蘖肥∶穗肥∶粒肥 40∶25∶20∶15 比例 4 次施入,钾肥按基肥∶穗肥 1∶1 比例分 2 次施入。

5. 水分管理　浅水插秧,插秧后至返青前,灌苗高 2/3 的水层,扶苗护苗。有效分蘖期灌 3 厘米浅水层,利用薄水层增温促蘖。有效分蘖终止期前 2～3 天排水晒田,根据长势和长相等综合情况晒田 3～5 天,如地势低洼长势过旺应晒5~7天后恢复正常水层。孕穗至抽穗前，灌4~6厘米活水，减数分裂期（抽穗前15~18天）遇低温，灌10~15厘米深水护胎。抽穗后实行间歇灌溉，将水层灌至5~7厘米，自然落干后再灌水，干干湿湿，以湿为主。黄熟末期开始排水，洼地可适当提早排水，正常田块和漏水田可适当晚排，做到以水养根，以根保叶，增加后期光合产物，提高稻谷品质。

井水灌溉要增设晒水池，面积占单井控制灌溉面积的1.5%~2%，并采取井口小白龙雾化增温和高台跌水增温等方法提高水温。也可采用延长渠道，渠道覆膜，昼远灌，夜近灌，勤换进水口等方法，千方百计地提高灌溉水温。

6. 病虫草害防治

（1）除草　插秧后5~7天，一般应用和友1号、赛龙、农牛、田秀清、苯噻草胺复配剂，每667平方米1袋。漏水田用去草胺加金秋。严重漏水田，每667平方米用拜田净20克加金秋20克。用毒土法或拌入肥料中施用，水层3~5厘米，保持5~7天。6月上旬人工拔除田间大草，割净池埂水渠杂草。三棱草严重发生地块，使用威农2次，第一次用威农加杀稗剂，间隔12天；第二次单用威农10~15克/667米^2。当三棱草高10厘米左右时，每667平方米用太阳星15克，对水喷雾或用150毫升杀阔丹，对水喷雾灭草。

（2）病虫害防治

①潜叶蝇和负泥虫的防治：以农业预防为主，潜叶蝇

为害严重地块,排水晒田,人工扫除负泥虫,或每667平方米用10%大功臣30~40克,对水喷雾灭虫。

②二化螟的防治:7月7~10日用杀虫双甩滴剂或虫杀手喷雾。7月20日前每667平方米用快克或锐劲特30毫克对水喷雾。

③稻瘟病的防治:加强稻瘟病的预测预报,控制发病中心,早打预防药。特别注重对水稻穗颈瘟的防治,一般在始穗期喷施1次防稻瘟病药剂,齐穗期再喷施1次,常用药剂有三环唑、施保克、稻瘟灵等。

④稻曲病的防治:凡是发生稻曲病的地块,7月20~25日,每667平方米用125克DT杀菌剂,对水40升喷雾,池埂边重点喷雾。

(三)注意事项

①苗床应选在旱田地,不应在水田地做苗床。②控制播种量,每平方米播种量应在300克以下。③适当增加插植密度。④控制氮肥施用量,纯氮量应在12千克以下。⑤井水灌溉要增设晒水池,面积占单井控制灌溉面积的1.5%~2.0%,并采取井口小白龙雾化增温和高台跌水增温等方法提高水温。⑥要注意防治稻瘟病和冷害。

二、超级稻配套栽培技术(吉林省)

(一)适用范围与品种

本技术适合于吉林省稻区、辽宁省北部稻区。适宜种植吉粳 88、吉粳 83、沈农 265 等超级稻品种,其他品种可参考使用。

(二)技术规程

1. 产量与生育指标　见表 6-3,表 6-4。

表 6-3　不同超级稻目标产量及其构成因子

品　种	目标产量 (千克/667 米²)	有效穗数 (万/667 米²)	穗实粒数 (粒)	千粒重 (克)
吉粳 88	700	30	100	24
吉粳 83	680	30	90	25
沈农 265	780	30	100	26

表 6-4　不同生育期叶龄与茎蘖指标

品　种	叶　龄			茎蘖数(万/667 米²)		
	移栽期	有效分蘖 终止期	抽穗期	基本苗	最高苗	有效穗
吉粳 88	3.5~4	9	13	6.1	33~34	29~31
吉粳 83	3.5~4	9	13	6.0	35~36	30~32
沈农 265	3.5~4	9	14	6.1	33~34	29~31

2. 育　秧

(1)播种期　4 月 5~10 日。

(2)秧田准备　开春后翻耕,床面要平整、打碎,每 667 平方米大田需要准备 15 平方米秧田,施壮秧剂 1.25 千克,拌底土 250~300 千克施用于 12~15 平方米的苗床地。

(3)精量播种　机插秧,每平方米播芽谷 0.6~0.75

千克;旱育苗手插秧,每平方米播芽谷0.4~0.5千克。播种前进行晒种,种子用35%恶苗净100克,对水50升,浸种5~7天,达到防治恶苗病的效果。

(4)秧田管理　播种前浇透底水,2~3天浇1次水,3叶1心施送嫁肥。1叶1心期用立枯一次净40克,对水100升,浇40平方米秧田,防治立枯病;用苗床除草净25克拌土,均匀撒施苗床15平方米,防除苗床杂草。

3. 移栽　本田秋翻、翻耙结合,先旱整地、后水整地,插秧做到寸水不露泥。3.5~4.5叶龄移栽。机插秧密度30厘米×13.3厘米,每穴2~3苗;手插秧密度30厘米×16.7厘米,每穴2~3苗。

4. 施肥　氮、磷、钾比例为1:0.7:0.7;每667平方米施纯氮14千克、五氧化二磷6.7千克、氧化钾6.7千克。氮肥按基肥、蘖肥、穗肥、粒肥4:3:2:1的比例分4次施入,磷肥一次性作基肥施入,钾肥按基肥、穗肥6:4比例分2次施入。

5. 水分管理　插后至分蘖末期保持浅水层,做到浅水不露泥,深水不过寸,以利于增温分蘖。有效分蘖末期晒田,达到目标产量穗数时及时晒田,控制分蘖。孕穗期至抽穗期,保持水层5~8厘米,防止低温冷害。出穗期至成熟期,采取间歇灌溉法,以湿为主,达到增加土壤通透性,提高根系活力。

6. 本田病虫草害防治

(1)杂草防治　在插秧后1周左右,每公顷用60%丁草胺乳油1500毫升与10%农得时300克混合均匀,拌土或拌肥施入,保持水层 3~5 厘米,保水 6~7 天。

(2)稻瘟病防治 用 40%稻瘟灵乳油,每公顷 1 500克,对水 300 升喷雾,防治叶瘟和穗茎瘟。

(3)害虫防治 7 月上旬,用 25%杀虫双水剂,每公顷3 000 毫升拌土撒施,防治二化螟。

(三)注意事项

①超级稻较正常施肥增加 20%的纯氮量,密度由原来的 30 厘米×20 厘米增大为 30 厘米×13.3~16.7 厘米。

②吉林省超级稻种植面积大、连片,造成品种单一,生产上要注意稻瘟病综合防治。

③北方易发生低温冷害,生产上应注意防治低温冷害。

三、超级稻无纺布旱育稀植栽培技术(辽宁省)

(一)适用范围与品种

本技术适合于沈阳、鞍山、盘锦、营口等稻区。适宜种植沈农 606、沈农 016、沈农 265、千重浪 2 号、辽星 1 号等超级稻品种,其他品种可参考使用。

(二)技术规程

1. 产量与生育指标 见表 6-5,表 6-6。

表 6-5　目标产量及其构成因子

品　种	产　量 （千克/667 米²）	有效穗 （万/667 米²）	每穗粒数 （粒）	结实率 %	千粒重 （克）
沈农 606	800	30	120	90	25
沈农 016	750	28	130	86	24
沈农 265	800	25	140	90	26
千重浪 2 号	750	30	120	90	23
辽星 1 号	800	26	130	92	26

表 6-6　不同生育期叶龄与茎蘖指标

品　种	叶　龄			茎蘖数（万/667 米²）	
	移栽期	有效分蘖 终止期	抽穗期	基本苗	最高苗
沈农 606	4	8	15	5	38
沈农 016	4	8	15	5	35
沈农 265	4	8	15	4.5	30
千重浪 2 号	4	8	15	5	36
辽星 1 号	4	8	16	5	30

2. 育　秧

（1）播种期　4 月 5 ~ 10 日。

（2）秧田准备　开春后翻耕,床面要平整、打碎,每 667 平方米大田需要准备 15 平方米秧田,施壮秧剂 1.25 千克拌底土 250 ~ 300 千克。

（3）精量播种　播种量每平方米 200 克以下,种子用浸种灵浸泡 5 ~ 7 天,催芽后播种。

（4）秧田管理　播种覆土后喷施封闭铵或丁草铵进行苗床封闭,1 叶 1 心期喷施立枯净防治立枯病,移栽前喷施乐果或锐劲特防治潜叶蝇、稻飞虱和稻水象甲。旱播种旱管理,播前浇透底水或播后灌透底水。壮秧剂1.25千克,拌底土250~300千克,施用于12~15平方米的苗床地。出苗后2叶期追施断奶肥,硫酸铵50克/米²,移栽前追施送嫁肥,硫酸铵75克/米²。

3. 移　栽

(1)整田　先旱翻旱耙后再放水泡田,水耙后插秧。

(2)秧龄　一般在35天中等秧龄时移栽较为合适。

(3)密度与规格　行穴距采用30厘米×16.6厘米或30厘米×20厘米。

4. 施肥　氮磷钾总量与分配:一般每667平方米,氮肥施用量折合标氮(硫酸铵)70~80千克,按基肥、蘖肥、穗肥、粒肥4:3:2:1的比例,分4次施入。磷肥施用量为磷酸二铵10~15千克,作基肥一次性施入,钾肥施用量为硫酸钾7.5~12.5千克,按基肥、穗肥6:4比例分2次施入。

5. 水分管理　采用常规的浅湿干间歇节水灌溉方案。具体做到:插后至分蘖末期保持浅水层,做到浅水不露泥,深水不过寸,以利于增温分蘖。有效分蘖末期晒田,达到目标产量穗数时及时晒田,控制分蘖。孕穗期至抽穗期,保持水层5~8厘米,防止低温冷害。出穗期至成熟期,采取间歇灌溉法,以湿为主,起到增加土壤通透性,提高根系活力的作用。

6. 病虫草害防治　移栽后5~7天,施用农得时和丁草铵封闭除草;分蘖始期,施用锐劲特或触倒防治稻水象甲和稻飞虱;分蘖中后期,喷施稻丰灵防治二化螟。打苞孕穗期,喷施络氨铜或 DT 菌剂防治稻曲病。齐穗前和齐穗后,各喷施 1 次稻瘟灵或克瘟散防治稻瘟病。在整个生育期若发现稻飞虱,应及时喷施噻嗪酮防治。

(三)注意事项

①无纺布育苗前期要注意防止发生低温危害,应在覆土上面加铺 1 层地膜,搞好辅助增温。

②在培育健壮秧苗的基础上,本田移栽的密度不能过大,而应比一般生产田密度略稀,行穴距不能小于 30 厘米 × 16.6 厘米。

③在本田管理上,要尤其注意对稻水象甲、稻飞虱和稻瘟病的防治,稻飞虱是条纹叶枯的传播媒体,近年在北方稻区危害严重,应特别加以重视。

附 录
2005～2007 年农业部
认定的 61 个超级稻品种汇总表

2005 年认定的 28 个超级稻品种

编号	品　种	类　型	主要适用季节	主要适宜种植地区
1	天优 998	三系籼型杂交稻	早、晚稻	华南双季稻区
2	胜泰 1 号	籼型常规稻	早、中、晚稻	华南地区
3	D 优 527	三系籼型杂交稻	单季稻	四川省
4	协优 527	三系籼型杂交稻	单季稻	四川省
5	Ⅱ优 162	三系籼型杂交稻	单季稻	西南及长江流域
6	Ⅱ优 7 号	三系籼型杂交稻	单季稻	四川省中籼迟熟稻区
7	Ⅱ优 602	三系籼型杂交稻	单季稻	四川省中籼迟熟稻区
8	准两优 527	两系籼型杂交稻	单季稻	湖南省
9	丰优 299	三系籼型杂交稻	晚稻	长江流域
10	金优 299	三系籼型杂交稻	早稻、晚稻	湖南省、广西壮族自治区、江西省
11	Ⅱ优 084	三系籼型杂交稻	单季稻	长江中下游
12	辽优 5218	三系粳型杂交稻	单季稻	辽宁省
13	辽优 1052	粳型杂交稻	单季稻	辽宁省
14	沈农 265	粳型常规稻	单季稻	辽宁省、吉林省南部
15	沈农 606	粳型常规稻	单季稻	沈阳市以南
16	沈农 016	粳型常规稻	单季稻	沈阳市以南
17	吉粳 88	粳型常规稻	单季稻	吉林省、辽宁省、黑龙江省

续 表

编号	品 种	类 型	主要适用季节	主要适宜种植地区
18	吉粳83	粳型常规稻	单季稻	吉林省、辽宁省、黑龙江省
19	协优9308	三系籼型杂交稻	单季稻、晚稻	浙江等省
20	国稻1号	三系籼型杂交稻	单季稻、晚稻	浙江省、江西省
21	国稻3号	三系籼型杂交稻	晚籼稻	浙江省、江西省
22	中浙优1号	三系籼型杂交稻	单季稻、晚稻	长江流域等省(市)
23	Ⅱ优明86	三系籼型杂交稻	晚稻、单季稻及再生稻种植	南方稻区
24	特优航1号	三系籼型杂交稻	单季稻	长江中下游中稻区
25	Ⅱ优航1号	三系籼型杂交稻	单季稻	福建省及长江流域
26	Ⅱ优7954	三系籼型杂交稻	单季稻	长江流域及南方稻区
27	两优培九	两系籼型杂交稻	单季稻	长江流域及南方稻区
28	Ⅲ优98	三系粳型杂交稻	单季稻	安徽省

2006年认定的21个超级稻品种

编号	品 种	类 型	主要适用季节	主要适宜种植地区
1	天优122	三系籼型杂交稻	早、晚季	广东省、南方双季稻
2	一丰8号	三系籼型杂交稻	单季稻	四川省
3	金优527	三系籼型杂交稻	单季稻	云、贵、渝中低海拔稻区,陕西省南部
4	D优202	三系籼型杂交稻	早、中、晚稻	四川省,桂南,福建省三明市

续 表

编号	品 种	类 型	主要适用季节	主要适宜种植地区
5	Q优6号	三系籼型杂交稻	单季稻、晚稻	福建省
6	黔南优2058	三系籼型杂交稻	单季稻	贵州省
7	Y优1号	两系籼型杂交稻	单季稻	湖南省
8	株两优819	两系籼型杂交稻	早稻	湖南省
9	两优287	两系籼型杂交稻	早稻	湖北省稻瘟病无病区、中轻病区
10	培杂泰丰	两系籼型杂交稻	早稻	广东省晚稻区和粤北以外地区
11	新两优6号	两系籼型杂交稻	单季稻	安徽省
12	甬优6号	籼粳型杂交稻	单季稻	浙江省中南部地区
13	中早22	籼型常规稻	早稻	浙江省衢州、金华等市
14	桂农占	籼型常规稻	早、中、晚稻	华南双季稻区,南方单季稻区
15	武粳15	粳型常规稻	单季稻	江苏沿江和苏南稻麦两熟制地区
16	铁粳7号	粳型常规稻	单季稻	辽宁省沈阳市以北中熟稻区
17	吉粳102	粳型常规稻	单季稻	吉林省年有效积温2700℃左右的中熟至中晚熟稻区
18	松粳9号	粳型常规稻	单季稻	黑龙江省第一积温带
19	龙粳5号	粳型常规稻	单季稻	黑龙江省第二积温带
20	龙粳14号	粳型常规稻	单季稻	黑龙江省第三积温带

续 表

编号	品 种	类 型	主要适用季节	主要适宜种植地区
21	垦粳 11 号	粳型常规稻	单季稻	黑龙江省第三积温带

2007 年认定的 12 个超级稻品种

编号	品 种	类 型	主要适用季节	主要适宜种植地区
1	宁粳 1 号	粳型常规稻	单季稻	江苏省沿江及苏南地区
2	新两优 6380	三系籼型杂交稻	单季稻	江苏省
3	淮稻 9 号	粳型常规稻	单季稻	江苏省苏中及宁镇扬丘陵地区
4	千重浪 1 号	粳型常规水稻	单季稻	活动积温 3 100℃～3 200℃稻区
5	辽星 1 号	粳型常规水稻	单季稻	辽宁省南部、新疆维吾尔族自治区南部、北京市、天津市稻区
6	楚粳 27	粳型常规稻	单季稻	湖北省
7	内 2 优 6 号	三系籼型杂交稻	单季稻、晚稻	浙江省、江苏省
8	龙粳 18	粳型常规稻	单季稻	黑龙江省第二、第三积温带,吉林省北部和内蒙古自治区东部
9	淦鑫 688（昌优 11 号）	三系籼型杂交稻	单季稻、晚稻	江西省、湖南省、湖北省
10	丰两优 4 号	两系籼型杂交稻	单季稻	安徽省、河南省、湖北省、湖南省、江苏省及浙江省
11	Ⅱ优航 2 号	籼型三系杂交稻	单季稻	福建省、安徽省
12	玉香油占	籼型常规稻	单季稻	广东省

金盾版图书,科学实用,
通俗易懂,物美价廉,欢迎选购

科学种稻新技术(第2版)	10.00	种植模式	6.00
双季稻高效配套栽培技术	13.00	玉米病虫草害防治手册	18.00
杂交稻高产高效益栽培	9.00	玉米病害诊断与防治	
杂交水稻制种技术	14.00	(第2版)	12.00
提高水稻生产效益100问	6.50	玉米病虫害及防治原色图	
超级稻栽培技术	9.00	册	17.00
超级稻品种配套栽培技术	15.00	玉米大斑病小斑病及其防	
水稻良种高产高效栽培	13.00	治	10.00
水稻旱育宽行增粒栽培技		玉米抗逆减灾栽培	39.00
术	5.00	玉米科学施肥技术	8.00
水稻病虫害诊断与防治原		玉米高粱谷子病虫害诊断	
色图谱	23.00	与防治原色图谱	21.00
水稻病虫害及防治原色图		甜糯玉米栽培与加工	11.00
册	18.00	小杂粮良种引种指导	10.00
水稻主要病虫害防控关键		谷子优质高产新技术	5.00
技术解析	16.00	大豆标准化生产技术	6.00
怎样提高玉米种植效益	10.00	大豆栽培与病虫草害防	
玉米高产新技术(第二次		治(修订版)	10.00
修订版)	12.00	大豆除草剂使用技术	15.00
玉米标准化生产技术	10.00	大豆病虫害及防治原色	
玉米良种引种指导	11.00	图册	13.00
玉米超常早播及高产多收		大豆病虫草害防治技术	7.00

　　以上图书由全国各地新华书店经销。凡向本社邮购图书或音像制品,可通过邮局汇款,在汇单"附言"栏填写所购书目,邮购图书均可享受9折优惠。购书30元(按打折后实款计算)以上的免收邮挂费,购书不足30元的按邮局资费标准收取3元挂号费,邮寄费由我社承担。邮购地址:北京市丰台区晓月中路29号,邮政编码:100072,联系人:金友,电话:(010)83210681、83210682、83219215、83219217(传真)。

超级稻协优9308
配套栽培技术
（连作晚稻）

分蘖末期搁田控苗

超级稻协作组
专家在江西示
范基地考察

责任编辑：冯 斌 封面设计：侯少民

超级稻品种
配套栽培技术

ISBN 978-7-5082-4660-4

定价：15.00元

ISBN 978-7-5082-4660-4

9 787508 246604 >